ÉTUDES

SUR

LA CANNE A SUCRE

DOSAGE DU SUCRE

COMPOSITION DE LA CANNE — ÉCHANTILLONNAGE

PAR

M. H. PELLET

CHIMISTE-CONSEIL

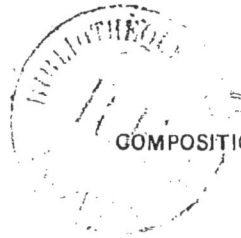

(Extrait des *Annales de la Science agronomique française et étrangère,*
2e série. — 3e année, 1897. — Tomes I et II.)

NANCY

IMPRIMERIE BERGER-LEVRAULT ET Cte

18, rue des Glacis, 18

1898

ÉTUDES

SUR

LA CANNE A SUCRE

NANCY. — IMPRIMERIE BERGER-LEVRAULT ET Cie.

ÉTUDES

SUR

LA CANNE A SUCRE

DOSAGE DU SUCRE

COMPOSITION DE LA CANNE — ÉCHANTILLONNAGE

PAR

M. H. PELLET

CHIMISTE-CONSEIL

(Extrait des *Annales de la Science agronomique française et étrangère*,
2e série. — 3e année, 1897. — Tomes I et II.)

NANCY

IMPRIMERIE BERGER-LEVRAULT ET Cie

18, rue des Glacis, 18

1898

ÉTUDES

SUR

LA CANNE A SUCRE

DOSAGE DU SUCRE — COMPOSITION DE LA CANNE — ÉCHANTILLONNAGE

PREMIÈRE PARTIE

ÉCHANTILLONNAGE DE LA CANNE

ÉCHANTILLONNAGE DES CANNES DANS LES CHAMPS EN GÉNÉRAL

On a souvent intérêt à connaître la qualité de la canne de tel ou tel champ, soit de telle ou telle parcelle, lorsqu'on a procédé, par exemple, à des essais d'engrais chimiques ou à des expériences diverses sur la culture de la canne, sur le mode de plantation, l'écartement des plants, l'irrigation, etc.

En outre, lorsqu'on veut suivre le développement des cannes pendant toute la végétation, il faut également être certain qu'on opère chaque fois sur un échantillon moyen comparable au précédent.

Autrement, on obtient des résultats absolument impossibles, n'ayant aucune valeur et au contraire pouvant donner lieu à des interprétations complètement erronées. Enfin, à certain moment.

CANNE A SUCRE. 1

il est utile de connaître la qualité moyenne de la canne que l'on doit bientôt travailler afin de pouvoir au besoin conseiller ou ordonner la coupe de tel champ plutôt que de tel autre.

Ce sont là des questions très intéressantes, mais qui n'ont de valeur qu'autant que l'échantillon représente bien la moyenne de chaque parcelle ou de chaque champ.

I. — Échantillonnage dans les champs d'expériences.

A ce point de vue, les expériences ou plutôt les indications détaillées n'ont pas été très nombreuses, du moins celles qui ont reçu une certaine publicité.

Nous devons citer comme s'étant particulièrement occupés de cette question d'échantillons :

M. J. Rouff, à la Martinique ;

M. P. Bonâme, à l'île Maurice ;

M. le Dr H. Winter, au laboratoire de recherches d'Ouest-Java (Kagok-Tegal).

1° Essais de J. Rouff à la Martinique.

M. J. Rouff, chimiste, de la compagnie des engrais de la Martinique, a publié en 1883, une étude remarquable sur la canne à sucre, comprenant deux mémoires. Dans le second mémoire, il est bien question de la méthode à suivre pour composer des échantillons comparables entre eux, mais l'auteur reporte le lecteur au 1er mémoire contenant tous les détails. Jusqu'ici, malheureusement, nous n'avons pu nous procurer ce document qui devait contenir très certainement de très bonnes indications relatives à la préparation des échantillons de cannes destinées à l'analyse complète à des époques variables. Sans cela, les conclusions de M. J. Rouff n'auraient pas eu toute la valeur qui a été attribuée à ses travaux et à juste titre.

2° *Essais de H. Winter à Java.*

Après plusieurs essais pour la détermination de la quantité de cannes à prélever par parcelle, l'auteur arrive à cette conclusion qu'il faut au moins 30 cannes par chaque lot et prendre plusieurs lots suivant la surface à essayer[1].

Cependant, H. Winter conseille encore de choisir les cannes pour composer cet échantillon en prenant les pieds ni les plus faibles ni les plus forts.

Il arrive ainsi à donner des analyses desquelles il résulte qu'en prenant deux échantillons suivant deux diagonales d'une parcelle et en analysant chaque lot, on obtient des résultats absolument semblables.

H. Winter a conseillé, comme nous l'avons fait aussi, de couper les cannes en deux parties suivant la longueur afin d'avoir moins de poids de matière à couper et à mélanger.

Mais les analyses citées sont peu nombreuses et, ensuite, pour la confection des deux lots, il y a eu un choix de cannes ne représentant ni les plus faibles, ni les plus fortes.

Il s'ensuit qu'on a composé deux échantillons identiques, mais cela ne veut pas dire que les chiffres obtenus représentent bien la moyenne du champ à analyser.

D'après nous, il faut absolument prendre des cannes tout venant non choisies et prélever à chaque échantillon au moins 20 à 25 cannes.

Il ne reste plus qu'à connaître le nombre d'échantillons à prendre suivant la surface du champ et sa régularité et alors la moyenne des analyses donnera un résultat très approché de la vérité et très comparable. Parce qu'il faut bien dire encore que pour connaître la moyenne des tiges à enlever représentant ni les trop faibles ni les trop fortes, il faut se rendre compte d'abord de l'aspect général du champ, non pas extérieurement mais intérieurement. Or, il est rare

---

1. *Berichte der Versuchsstation für Zuckerrohr in West-Java, Kagok-Tegal* (Java), du Dr Wilhelm Krüger. 1er volume, 1890, p. 20, et 2e volume, 1896, p. 53.

qu'il y ait une régularité parfaite dans le rendement. Là, sur 1 hectare, il y a des cannes superbes ; plus loin, sur 2 hectares, il y a une végétation moins belle, des cannes couchées. Plus loin encore des cannes restées petites et enfin une surface notable de cannes moyennement bien venues parmi lesquelles il y a toujours des cannes de toute richesse et de tout poids. Allez donc prélever dans un champ de cannes ayant encore toutes leurs feuilles plus ou moins desséchées 30 cannes correspondant exactement à la moyenne ! Cela nous semble impossible, et tous ceux qui ont pénétré à l'intérieur d'un champ de cannes seront de notre avis.

3° Essais de M. P. Bonâme, à Maurice.

M. P. Bonâme a observé des faits analogues, c'est-à-dire la difficulté de l'échantillonnage d'un champ de cannes[1].

Dans son rapport annuel de la Station agronomique de l'île Maurice pour 1895, ce chimiste cite des exemples, et il conclut en disant que, suivant la surface, il faut prendre le plus d'échantillons possible pour obtenir un résultat se rapprochant de la moyenne exacte, mais sans indiquer plus particulièrement le nombre de cannes pour chaque échantillon et combien d'échantillons pour une surface déterminée.

Mais M. P. Bonâme indique une manière d'opérer permettant de réduire également la quantité de cannes à passer au moulin ou au coupe-cannes. Si on doit les transformer en cossettes pour une analyse directe, M. Bonâme en effet conseille d'assortir les cannes à peu près par ordre de grosseur, longueur, apparence générale et de diviser chaque canne en 4 parties égales suivant la longueur. On prélève les tronçons 1 et 3 sur une canne et les tronçons 2 et 4 sur la canne suivante et ainsi de suite ; si, comme nous l'avons dit, on découpe chaque tronçon en 2 parties suivant l'axe longitudinal de la canne, on n'a plus au total que le quart du poids total de la canne. C'est un moyen à essayer. M. Bonâme donne quelques résultats comparatifs.

---

1. P. 38 et suivantes.

Tableau I.

	LOT ANALYSÉ			LOT RESTANT et analysé pour vérification.		
	Densité du jus.	Sucre p. 100 de cannes.	Glucose p. 100 de cannes.	Densité du jus.	Sucre p. 100 de cannes.	Glucose p. 100 de cannes.
	1 062	15.0	1.03	1 062	15.03	1.11
	1 059	9.55	1.31	1 059	9.64	1.44
	1 058	9.94	1.20	1 059	10.03	1.10
	1 074	13.37	0.68	1 073	13.14	0.65
	1 075	13.70	0.45	1 074	13.59	0.36
	1 066	10 82	1.62	1 066	10.55	1.62
	1 067	10.92	1.54	1 066	10.64	1.66
	1 066	13.65	0.99	1 065	13.60	1.04
	1 076	14.27	0.22	1 075	14.01	0.29
	1 070	12.60	0.71	1 074	13.72	0.57
	1 059	9.97	0.66	1 061	10.43	0.59
Moyennes .	1 067.1	12.16	0.95	1 066.7	12.21	0.95

On voit que les moyennes sont bien suffisamment exactes.

Cependant, M. P. Bonâme fait remarquer que, malgré tout, l'échantillonnage ne correspond pas à la moyenne générale de toutes les cannes de la parcelle ou du champ qui seront passées au moulin, parce qu'on ne prend pas des quantités bien proportionnelles des cannes malades, ratées[1] ou brisées, et en général le jus de l'échantillon en petit est plus riche que celui du moulin.

Tableau II.

	JUS DU MOULIN du laboratoire.			JUS DU MOULIN de l'usine.		
	Densité du jus.	Sucre p. 100 de cannes.	Glucose p. 100 de sucre.	Densité du jus.	Sucre p. 100 de cannes.	Glucose p. 100 de cannes.
1. . . .	1 084	15.70	2.4	1 075	14.09	4.2
2. . . .	1 080	14.98	0.9	1 078	14.85	1.7
3. . . .	1 077	14.17	3.1	1 075	14.04	3.5
4. . . .	1 077	13.82	3.1	1 075	13.64	2.3
5. . . .	1 076	13.60	5.2	1 074	13.42	4.6
6. . . .	1 071	13.38	0.9	1 068	12.95	2.6
7. . . .	1 070	12.09	5.4	1 077	12.55	12.1
8. . . .	1 066	12.02	8.4	1 065	12.00	3.8
9. . . .	1 064	10.68	14.2	1 063	11.18	10.6
10. . . .	1 060	9.45	21.6	1 060	10.16	17.7
11. . . .	1 076	14.28	0.4	1 069	12.87	2.2
12. . . .	1 072	14.02	1.2	1 067	12.65	3.1
Moyennes .	1 072.8	13.18	4.5	1 070.5	12.87	5.7

1. Ceci veut dire abîmées par les rats.

Il y a des résultats assez approchés dans les deux cas, mais dans d'autres la différence atteint près de 1 $^1/_2$ p. 100 de sucre en moins par le moulin, puis le glucose également est plus fort, calculé pour 100 gr. de sucre, lorsqu'on prend le jus moyen de toutes les cannes écrasées.

Si donc la moyenne suffit pour l'ensemble de la journée en appliquant au besoin un coefficient de réduction, soit 0.98, il n'en est plus de même lorsqu'on veut comparer la récolte de différentes pièces de terre.

Alors on doit avoir réellement les résultats comparatifs sinon absolus, et pour cela il faut répéter les analyses et les vérifier à plusieurs reprises, comme le dit très bien M. Bonâme.

Un seul essai peut conduire à des résultats absolument faux.

Prenons-en quelques exemples dans le rapport annuel de la Station agronomique de l'île Maurice de 1895.

Tableau III.

	N° 1.				N° 2.			
	1/10 d'arpent pesé, et le tout rapporté à l'arpent : Jus analysé à l'usine.				1/10 d'arpent pesé, et le tout rapporté à l'arpent : Jus analysé à l'usine. Pièces contiguës aux numéros ci-contre.			
	Densité du jus.	Sucre p. 100 de cannes.	Glucose p. 100 de sucre.	Pureté du jus.	Densité du jus.	Sucre p. 100 de cannes.	Glucose p. 100 de sucre.	Pureté du jus.
1.	1 074.5	12.34	12.1	79.0	1 073.5	13.03	6.5	85.8
2.	1 074	13.04	5.9	85.3	1 072	13.18	5.3	88.5
3.	1 072	12.77	5.6	86.5	»	»	»	»
4.	1 072.5	12.97	6.2	86.5	»	»	»	»
5.	1 070	12.49	6.3	86.3	»	»	»	»
6.	1 070	12.51	6.4	86.3	1 077	14.10	3.4	88.6
7.	1 068.5	11.99	8.0	85.0	1 080	14.88	2.8	90.5
8.	1 072	13.39	5.9	90.1	1 081	15.29	2.3	91.5
9.	1 071	13.05	6 3	88.8	1 081	15.28	2.3	91.5
10.	1 076	14.09	5.5	90.0	1 081	14.86	3.3	88.9
11.	1 080	14.60	3.8	89.6	1 084	15.38	3.5	89.3

Ainsi, il y a des différences très notables pour certains échantillons, le n° 7, par exemple, où l'on a une richesse de 12 p. 100 de la canne, 8 de glucose p. 100 de sucre et 85 de pureté, alors qu'un échantillon contigu, analyse du jus au moulin également, a donné 14.88 de sucre, 2.8 de glucose p. 100 de sucre et 90.5 de pureté.

Quant au rendement en poids par arpent, les différences sont aussi parfois très sensibles :

Le n° 11	a donné par exemple : 1er essai . .		33 480 kilogr.
— 11 *bis*	—	2e essai . .	31 720 —
		Différence . . .	1 760 kilogr.
Le n° 10	au contraire a donné.		35 733 kilogr.
— 10 *bis*	—	. . . .	25 161 —
		Différence . . .	10 572 kilogr.

Ce qui est énorme et démontre que, tant au point de vue de la qualité que de la quantité, les analyses de cannes doivent être multipliées et les poids constatés pour chaque parcelle sur la totalité de chacune, s'il est possible, ou sur la plus grande surface, ou bien sur une surface restreinte, mais en répétant souvent les pesées pour obtenir des moyennes.

Autrement, dans des essais d'engrais, on conclut que c'est la chaux qui a fait le plus d'effet, alors que, réellement, si les analyses et les pesées avaient été exactes, on aurait trouvé que la potasse était préférable, etc.

Ceci, en outre, bien entendu, de la multiplicité des essais dans divers endroits du sol à étudier, essais poursuivis plusieurs années pour obtenir des résultats bien moyens.

II. — Échantillonnage des cannes dans les champs de grande surface.

On peut avoir intérêt à connaître la qualité moyenne de la canne et son rendement approximatif à l'hectare se trouvant dans des champs divers destinés à l'alimentation d'une fabrique, afin de pouvoir, par exemple, à un moment voisin de celui où les travaux vont commencer, se former une opinion sur l'état de la récolte en général et de l'état des champs en particulier.

Toutes les surfaces plantées en cannes ne parviennent pas au même degré de maturité; en un mot, il est nécessaire, pour ne pas dire indispensable, d'étudier les champs avant de procéder à la récolte.

De même, durant la végétation, il est intéressant de suivre la marche du développement de la canne et de la formation du sucre, non plus sur des parcelles de quelques centaines de mètres carrés, mais sur les champs tels qu'ils sont cultivés pour la fabrique.

Comment alors doit-on prendre des échantillons pour obtenir des • résultats comparables?

Nous avons déjà vu que les méthodes préconisées ne fournissaient pas des résultats certains.

On parvient bien, par exemple, à préparer deux échantillons, sur le même champ, donnant deux analyses presque identiques, mais cela ne donne pas, selon nous, le résultat moyen exact pour tout le champ. (Méthode du laboratoire d'essais à Kagok-Tegal [Java].)

Avec d'autres méthodes, on a des indications comparatives, mais qui ne correspondent pas à ce qu'on trouve dans la pratique lorsque les mêmes cannes sont passées au moulin.

Aussi, malgré le nombre de cannes prélevé par échantillon, on arrive, avec les méthodes préconisées, à obtenir des résultats tout à fait anormaux lorsqu'on fait prendre des échantillons à différentes époques de la végétation, même en multipliant le nombre d'échantillons jusqu'à 3 ou 4 par pièce.

Voici, par exemple, des résultats :

Tableau IV.

	NOMBRE de cannes.	POIDS moyen.	DENSITÉ du jus.	SUCRE p. 100 cc. de jus.	GLUCOSE POUR 100		PURETÉ.
					cc. de jus.	gr. de sucre.	
		kilogr.					
14 déc. 1895 .	23	1,22	1 060.7	12.77	1.50 ·	11.74	78.8
1er janv. 1896.	80[1]	1,10	1 067.6	15.70	0.86	5.40	88.0
8 janv. 1896.	164[2]	1,03	1 063.3	13.80 ·	1.07	7.70	81.6

Ce qui aurait pu faire supposer que la canne avait diminué de

1. En 4 échantillons.
2. En 8 échantillons.

poids et en même temps de richesse, ce qui est absolument impossible. Aussi avons-nous cherché à ce moment quel était le nombre d'échantillons de cannes qu'il fallait prendre pour obtenir un résultat moyen assez exact pour une surface déterminée.

Pour la pièce dont il s'agit, nous nous sommes arrêté à 8 échantillons prélevés à des distances à peu près égales sur toute la surface et correspondant à 18 ou 23 cannes par échantillon. On prend pour cela 3, 4 ou 5 pieds entiers (ou touffes) pour produire l'échantillon, et, à chaque série d'essai, on prend aux mêmes endroits 3, 4 ou 5 pieds entiers placés les uns à côté des autres.

En effet, lorsque nous avons pris 4 échantillons de cannes, nous avons constaté des différences qui ont été encore bien plus grandes lorsque nous avons opéré sur 8.

Voici des chiffres :

Tableau V.

NOMBRE de cannes.	POIDS moyen.	DENSITÉ du jus.	SUCRE p. 100 cc. de jus.	GLUCOSE p. 100 gr. de sucre.	PURETÉ.
	kilogr.				
22	1,10	1 065	14.5	6.9	83.9
20	1,60	1 063.8	13.7	9.3	81.0
23	0,85	1 061	12.6	7.0	77.6
23	0,89	1 067	15.2	6.2	86.7
19	0,97	1 062	13.6	8.2	80.2
21	1,12	1 064	13.7	9.3	80.0
23	0,83	1 055.5	11.1	13.5	75.6
23	0,89	1 069	16.1	3.7	88.2
Totaux ou moyennes. 165	1,03	1 063.3	13.8	7.7	81.6

Variations.

	DENSITÉ.	SUCRE p. 100 cc. de jus.	GLUCOSE p. 100 gr. de sucre.	PURETÉ.
Maxima.	1 069	16.1	13.5	88.2
Minima.	1 055.5	11.1	3.7	75.6

En prenant même deux échantillons ayant sensiblement le même poids moyen, on aurait pu avoir des écarts sensibles.

Tableau VI.

POIDS moyen.	DENSITÉ du jus.	SUCRE p. 100 cc. de jus.	GLUCOSE p. 100 gr. de sucre.	PURETÉ.
0,83	1 055.5	11.1	13.5	75.6
0,85	1 061	12.6	7.0	77.6
0,89	1 067	15.2	6.7	86.7
0,89	1 069	16.1	3.7	88.2

En examinant la même pièce 15 jours après, on a eu :

Tableau VII.

	DENSITÉ du jus.	SUCRE p. 100 cc. de jus.	GLUCOSE p. 100 gr. de sucre.	PURETÉ.
1	1 064.5	14.1	6.3	81.6
2	1 068.6	15.9	4.3	88.1
3	1 065.8	14.4	7.5	82.7
4	1 061.5	13.0	8.5	80.6
5	1 066.5	14.9	6.6	85.3
6	1 066.2	14.8	6.9	83.2
7	1 064.0	13.8	8.5	80.1
8	1 069.2	16.1	3.7	88.9
Moyennes .	1 065.8	14.6	6.5	84.0

On a continué ainsi à prendre les 8 échantillons sur la même pièce et on a pu suivre parfaitement le développement du sucre et la réduction du glucose, car on a eu en résumé :

Tableau VIII.

	DENSITÉ.	SUCRE p. 100 gr. de cannes.	GLUCOSE p. 100 gr. de sucre.	PURETÉ.	POIDS moyen.
8 janvier . .	1 063	11.4	7.7	81.6	1,03
22 janvier . .	1 065.8	12.0	6.5	84.0	»
15 février . .	1 066	12.2	4.6	84.7	»
8 mars . . .	1 068.5	12.8	3.20	88.6	1,27

On a répété ces essais sur d'autres champs et on est arrivé aux mêmes résultats.

Après cela, nous avons calculé le nombre d'échantillons à prendre pour une surface déterminée et nous avons adopté les nombres ci-après :

Tableau IX.

2 à 3	échantillons de 18 à 25 cannes par pièces	de moins d'un hectare.			
3 à 5	—	—	—	de 1 à 2,5 hectares.	
4 à 6	—	—	—	de 3 à 5	—
5 à 7	—	—	—	de 5 à 10	—
6 à 8	—	—	—	de 10 à 20	—
7 à 9	—	—	—	de 20 à 25	—
8 à 10	—	—	—	de 25 à 40	—
10 à 12	—	—	—	de 40 à 45	—
12 à 15	—	—	—	de 45 à 50	—

En ayant soin, bien entendu, de diviser les champs en parties à peu près égales afin de prélever des échantillons à des distances suffisantes pour avoir la moyenne proportionnelle.

En nous basant sur ces résultats, nous avons voulu vérifier notre méthode et voir les résultats obtenus en décembre 1896.

Une grande surface de terrain divisée par une ligne de chemin de fer agricole avait une contenance, d'un côté, de 78 hectares et, de l'autre, de 67 hectares. Ces deux pièces étaient en outre divisées par un canal, donnant alors les surfaces ci-après :

			ÉCHANTILLONS prélevés.
Pièce A.	Partie I . . .	49 hectares.	15
	Partie II . . .	29 —	12
Pièce B.	Partie I . . .	38 —	12
	Partie II . . .	29 —	12

On a eu comme moyenne les résultats ci-après :

Tableau X.

		DENSITÉ.	SUCRE p. 100 gr. de cannes.	GLUCOSE p. 100 gr. de sucre.	PURETÉ du jus.
Pièce A.	Partie I. . . .	1 073	13.5	3.4	88.0
	Partie II . . .	1 071	13.2	3.3	88.2
Pièce B.	Partie I. . . .	1 071	13.2	4.0	88.2
	Partie II . . .	1 070	13.0	3.7	88.7
Moyenne générale . .		7,1	13.2	3.4	88.3

Pour la pratique, on ne peut pas demander de résultats plus précis. Mais lorsqu'on examine les chiffres qui ont donné ces moyennes, on trouve des différences considérables démontrant bien l'utilité absolue de prendre de nombreux échantillons.

Ainsi, en prenant les 4 séries correspondant à 51 échantillons, on a constaté :

Tableau XI.

	DENSITÉ du jus.	SUCRE p. 100 gr. de cannes.	GLUCOSE p. 100 gr. de sucre.	PURETÉ.
Maximum	1 083.5	16.1	0.7	94
Minimum	1 065.5	11.4	7.1	81.4

A titre d'exemple, voici une série de 12 analyses des cannes d'un même champ (chaque échantillon de 18 à 25 cannes) :

Tableau XII.

	DENSITÉ du jus.	SUCRE p. 100 cc. de jus.	SUCRE p. 100 gr. de cannes.	GLUCOSE p. 100 gr. de sucre.	PURETÉ du jus.
1 . . .	6.80	14.6	11.8	7.1	83.1
2 . . .	7.45	17.3	13.9	2.8	89.2
3 . . .	6.57	14.1	11.4	7.0	83.0
4 . . .	8.35	20.0	16.1	0.7	92.2
5 . . .	7.97	18.9	15.1	1.1	91.3
6 . . .	7.30	16.2	13.0	3.0	85.3
7 . . .	7.30	17.0	13.6	2.8	89.5
8 . . .	6.95	15.4	12.4	5.7	85.5
9 . . .	7.35	17.8	14.3	1.5	93.2
10 . . .	7.45	17.5	14.0	3.5	90.2
11 . . .	7.35	16.2	13.0	3.5	84.4
12 . . .	7.75	18.8	15.0	1.7	93.5

Malgré la proportion élevée d'échantillons prélevés sur un même champ, on n'a pas l'analyse absolument correspondante à celle que l'on peut trouver au moulin.

Admettons un instant que toutes les cannes de la pièce ci-dessus, donnant, par exemple, une moyenne de :

Sucre p. 100 gr. de cannes.	13.5
Glucose p. 100 gr. de sucre	3.4
Pureté	88.0

puissent être envoyées à la fois au moulin, le jus ne donnera pas cette moyenne. *En pratique*, le jus sera *moins riche* et *moins pur*.

Voici pourquoi : les cannes composant les échantillons sont été-tées comme il convient, les bouts blancs enlevés et toutes les tiges bien nettoyées ; les cannes arrivant au moulin sont plus ou moins encore chargées de leur bout blanc.

Puis il y a des parties où la canne n'est pas bien venue dans certaines bordures, de telle sorte que, au lieu de l'analyse ci-dessus, on trouvera à la fabrique :

Sucre p. 100 gr. de cannes.	13
Glucose p. 100 gr. de sucre	4 à 4.5
Pureté	86 à 87

Il faut ajouter que souvent le moulin du laboratoire ne donne pas autant de jus que le moulin de l'usine. Et si on ne fait pas une double pression serrée avec le moulin du laboratoire, on augmente les écarts, d'après ce que nous avons signalé qu'en général le jus de première pression était plus riche que le jus des pressions suivantes.

Dans les deux cas, nous admettons qu'il n'y ait pas plus de perte en poids depuis la coupe jusqu'au moment de l'écrasage, ni plus de temps de coupe, ce qui influe encore sur les résultats.

On voit, par ce qui précède, que pour obtenir des indications sérieuses sur la qualité de la canne d'un champ, il faut faire un grand nombre d'analyses.

Ce n'est pas là un bien grand inconvénient, car aujourd'hui les procédés de dosage du sucre dans un jus sucré sont excessivement rapides, grâce aux perfectionnements qui ont été apportés depuis quelques années à l'outillage des laboratoires de sucrerie.

Avec un tube continu, on termine facilement 20 à 30 polarisations en 3 ou 4 minutes, et cela sans difficulté, tout en ayant des résultats très exacts.

Par conséquent, 100 ou 150 polarisations ne réclament pas beaucoup de temps. Si, d'autre part, on dispose d'un matériel suffisant, on peut mener de front 12 à 24 essais par série.

Quant au dosage du glucose, si on tient à le faire, on parvient, au moyen de la liqueur de Fehling et par décoloration, à exécuter également très rapidement 10 à 15 dosages avec le matériel convenablement disposé. Du reste, nous indiquerons dans une note spéciale ce qu'il faut.

La prise de la densité des jus n'exige pas beaucoup de temps et il reste les calculs de la pureté. Pour cela on peut avoir des tables.

Ce qui est très long, c'est la préparation de l'échantillon moyen du jus.

Or, nous avons dit que sur 20 à 25 cannes, on pouvait déjà les couper en deux parties suivant la longueur, puis en quatre parties suivant la hauteur et ne prendre que les 1er et 3e tronçons pour l'échantillon définitif sur la 1re canne et les 2e et 4e pour la 2e canne et ainsi de suite. Si donc on a des cannes pesant 1kg,5 en moyenne, soit 35 à 40 kilogr. au total pour le paquet, il n'y en a plus que 8 à 10 kilogr. à passer au moulin.

Avec des moulins forts (laminoirs spéciaux), on peut faire passer ces 8 à 10 kilogr. en 3 ou 4 minutes; prenons 6 à 8 minutes par essai. Mais si on a deux moulins, la canne pressée une première fois est passée dans le second moulin et les jus mélangés. Cela fait donc 12 à 15 essais par heure.

Nécessairement, il faut la main-d'œuvre correspondant au travail de découpage des cannes, etc., mais ce n'est pas considérable.

Il faut aussi que les cahiers de laboratoire soient disposés convenablement pour pouvoir inscrire rapidement les indications concernant chaque échantillon et éviter toutes les écritures possibles.

Si on ne veut pas s'installer convenablement, il est presque inutile, nous dirions même dangereux, de faire des essais isolés, peu nombreux et sur quelques cannes pour étudier un champ.

On peut obtenir des résultats faisant croire à une richesse élevée, ce qui n'est pas, ou bien le contraire; en un mot, être absolument mal renseigné.

Mieux vaut dans ce cas ne rien faire du tout et travailler les cannes comme elles viennent et alors chercher, si possible, à bien connaître au moins la qualité moyenne des cannes écrasées ou passées aux coupe-cannes.

Ou bien alors, si on veut connaître la véritable valeur d'un champ sans faire d'analyses spéciales avant la récolte, disposer les choses pour pouvoir prélever régulièrement et proportionnellement les échantillons du jus correspondant à toute la canne d'un champ ou d'une parcelle, soit pendant plusieurs jours, soit pendant quelques heures, suivant le poids à passer.

En conservant le jus au moyen d'un décigramme de bichlorure de mercure, on peut alors ne faire qu'une analyse par poste ou quelques-unes seulement si l'on doit essayer plusieurs parcelles dans une même journée.

III. — Échantillonnage des cannes dans les wagons.

Suivant les pays, les wagons contiennent des quantités de cannes très différentes, depuis 1 000 ou 1 500 kilogr. jusqu'à 6 000, 7 000 et 8 000 kilogr. net.

Par conséquent, la quantité de cannes à prélever pour l'échantillonnage doit être également variable.

Nous estimons que pour les petits wagons de 1 000 à 1 500 kilogr., il n'est pas nécessaire de prendre plus de 20 à 25 cannes, mais en ayant soin d'en enlever deux ou trois à différents endroits, et toujours sans choisir, bien entendu.

Si possible, écarter les cannes du dessus pour en prendre à l'intérieur. Autrement on ne peut être certain d'avoir la moyenne.

Lorsque le wagon est chargé à 2 000 et 3 000 kilogr., on doit prélever 2 échantillons de 20 à 25 cannes dans différents endroits toujours, et, enfin, pour les autres wagons tenant de 4 000 à 6 000 kilogr. de cannes, on doit prendre au moins 4 échantillons si l'on veut avoir une moyenne acceptable. Naturellement, on ne fait qu'une analyse des 80 ou 100 cannes extraites. Mais ici se présente une difficulté. Si le wagon est en déchargement, il est facile de prendre 3 ou 4 cannes au fur et à mesure du déchargement pour avoir la moyenne suivant la hauteur et les côtés, mais si le wagon reste chargé, il est à peu près impossible d'avoir la moyenne, les cannes de la partie supérieure n'étant pas de même qualité que celles des côtés, rangées et choisies. De plus, après avoir arrangé les cannes sur les côtés du wagon pour pouvoir mettre une quantité de cannes assez forte et éviter qu'elles ne s'échappent par les vides durant le transport, on remet au centre du wagon les débris, les cannes petites et les déchets souvent qui restent sur le terrain à l'endroit où il y a eu des dépôts de cannes.

Cela ne se voit qu'au déchargement. Aussi, l'échantillonnage, dans ce cas, n'est pas possible : on peut avoir ou trop de richesse en prenant seulement les cannes rangées et les cannes de la partie supérieure, ou une teneur trop faible si on n'enlève que les cannes de la partie supérieure, si celles-ci correspondent aux débris et déchets divers. Voici, par exemple, l'analyse de 5 échantillons différents pris sur un même wagon (échantillon de 20 cannes).

Tableau XIII.

	DENSITÉ du jus.	SUCRE p. 100 gr. de cannes.	GLUCOSE p. 100 gr. de sucre.	PURETÉ du jus.
1er côté bas . . .	1 066.5	12.1	4.9	84.5
2e côté bas. . . .	1 069.5	13.0	2.9	87.3
1er côté haut . . .	1 065.5	10.9	7.5	76.9
2e côté haut . . .	1 064.8	11.3	5.4	80.8
Partie centrale . .	1 063.5	11.8	6.1	86.4

Si, dans un wagon, il y a des écarts notables de richesse, même pour 20 cannes prélevées, on a aussi des richesses très différentes comme moyenne des échantillons prélevés sur les wagons provenant d'une même pièce (wagons se suivant).

Tableau XIV.

			DENSITÉ du jus.	SUCRE p. 100 gr. de cannes.	GLUCOSE p. 100 gr. de sucre.	PURETÉ du jus.
I.	Fournisseur A.	Wagon n° 28.	1 059.5	10.0	10.3	77.1
		— 18.	1 060	10.1	8.5	77.0
		— 76.	1 062.7	11.2	5.2	77.3
II.	Fournisseur B.	— 25.	1 064.5	12.6	5.8	83.6
		— 61.	1 071	13.1	3.3	85.6
		— 181.	1 068.5	12.7	3.5	86.7

On voit combien il faut multiplier les analyses pour obtenir un résultat moyen représentant la vérité.

Variation de la richesse de la canne sur un wagon (H. Pellet).

Lorsqu'on prélève un échantillon de cannes composé de 20 à 25 cannes tout venant, sur un wagon portant 4 000 à 5 000 kilogr. de cannes, on n'est nullement certain d'avoir une moyenne. L'expérience démontre au contraire que si on prélève 10 échantillons de suite pendant le déchargement, on a 10 résultats différents, comme le montre le tableau ci-après :

Tableau XIV *bis*. — 20 à 25 cannes tout venant.

LOTS.	DENSITÉ du jus.	SUCRE p. 100 gr. de cannes.	GLUCOSE p. 100 gr. de sucre.	PURETÉ du jus.
1.	1 071	13.5	5.0	87.6
2.	1 067.5	12.3	7.5	89.8
3.	1 066	12.1	7.0	84.6
4.	1 064.5	11.3	6.9	80.7
5.	1 070	13.4	5.3	87.8
6.	1 072.5	14.0	3.9	89.8
7.	1 070	13.1	4.9	86.1
8.	1 066	13.0	8.5	83.4
9.	1 071	13.5	5.0	87.4
10.	1 070	13.6	5.0	88.0

Variations.

	DENSITÉ du jus.	SUCRE p. 100 gr. de cannes.	GLUCOSE p. 100 gr. de sucre.	PURETÉ du jus.
Maximum.	1 072.5	14.0	8.5	89.8
Minimum.	1 064.5	11.3	3.9	80.7
Moyenne.	1 068.8	12.9	6.2	86.5

IV. — Échantillonnage des cannes dans les barques.

Nous n'avons plus à dire grand'chose au sujet de l'échantillonnage des barques.

Elles sont aussi de différentes capacités et les unes peuvent amener 40 000 kilogr., d'autres 100 000 kilogr. et plus.

On doit donc connaître à peu près le cube de la barque dont la canne est à essayer si on veut procéder à une détermination de la qualité.

Puis on prend autant d'échantillons de 20 à 25 cannes tout venant qu'il y a de 10 000 kilogr. environ. Mais il faut prendre les mêmes précautions que pour les wagons, c'est-à-dire enlever des cannes de tous côtés et sur toute la hauteur de la barque, sans cela on n'a rien de sérieux.

Si on ne tient pas à un essai unique représentant 4 ou 10 échantillons analysés en une seule fois, on détermine la qualité des cannes déchargées au fur et à mesure en faisant porter au laboratoire une charge de cannes désignée à n'importe quel moment de l'opération.

Toutes ces analyses ne sont utiles qu'autant que le fabricant désire être renseigné sur la valeur des livraisons de tel ou tel fournisseur, car, jusqu'ici, on n'a pas à se préoccuper de la qualité des cannes reçues au point de vue de l'achat, qui est encore conclu au poids. Espérons que l'achat à la richesse, ou plutôt à la valeur réelle de la canne, ne tardera pas à être sinon appliqué d'une façon générale, mais essayé dans plusieurs fabriques et dans divers pays, afin de connaître les meilleurs procédés à employer pour parvenir rapidement et exactement industriellement à l'achat de toutes les cannes suivant leur valeur.

V. — Échantillonnage des cannes en tas, etc.

D'après ce qui précède, il est facile de déduire ce qu'on doit faire pour connaître la valeur d'un tas de cannes, ou de cannes apportées par petites charges, soit à dos de chameaux, soit par charretées ou tout autre mode de transport. Il suffit de prendre 20 à 25 cannes sans aucun choix sur un nombre plus ou moins considérable de charges afin d'avoir plusieurs analyses et de calculer la moyenne des essais.

Si la charge est trop faible, on peut se contenter de 4 à 5 cannes à la fois. On voit que le résultat revient toujours à la même conclusion :

Prendre plus ou moins de cannes, sans choix et souvent, pour obtenir un échantillon moyen analysé en une seule fois ou plusieurs échantillons dont on fait la moyenne générale.

DEUXIÈME PARTIE

VARIATIONS DE COMPOSITION DE LA CANNE

I. — Composition de la canne à différentes époques de la végétation.

Il est bien reconnu aujourd'hui que la canne contient d'autant plus de sucre qu'elle est plus près d'atteindre sa maturité.

Cette maturité a lieu suivant les pays après 9 ou 10 mois, dans d'autres pays la canne ne parvient à complète maturité qu'après 15, 16 et 20 mois.

Au début de la végétation, lorsque la canne a atteint quelques décimètres de longueur, sa richesse en sucre cristallisable est très faible et la quantité de réducteur ou de sucre incristallisable est au contraire relativement considérable par rapport à celle du sucre cristallisable.

Il est difficile de citer des chiffres pouvant représenter des moyennes s'adaptant à divers pays.

C'est ainsi qu'on trouvera, dans certains cas, qu'après 3 mois de végétation la canne donnera un jus à 1 040 de densité avec une pureté de 56 à 60 et une richesse en sucre de 3 à 4 p. 100 et de 2 à 3 en glucose.

Après 5 à 6 mois, on trouvera 1 050 à 1 055 de densité, 68 à 75 de pureté et une quantité de sucre de 6 à 8, et 1,5 à 2 de réducteurs. Après 9 à 10 mois, on aura alors 1 065 à 1 075.

Pureté du jus	80 à 90
Glucose p. 100 gr. de sucre	1 à 6

si la canne est mûre ou près de sa maturité.

Mais on constatera alors, si on se livre à des essais nombreux durant la végétation, que la richesse à certains moments paraît être plus faible.

La canne a-t-elle pour cela perdu du sucre? Nous ne le croyons pas.

Nous pensons qu'il se passe pour la canne ce que nous avons observé pour la betterave et que d'autres expérimentateurs ont également vérifié. C'est que d'abord il est très difficile d'assurer que chaque échantillon est bien correspondant à l'échantillon précédent. Puis, si l'on fait attention au poids des betteraves on trouve qu'il y a eu au total du *sucre formé entre deux périodes de 15 jours,* mais comme le poids de matière sèche s'est accru plus rapidement que le poids du sucre, la richesse saccharine centésimale du jus est diminuée.

Mais de la racine il n'est pas disparu de sucre. Néanmoins, il serait intéressant de poursuivre des études analogues sur la canne et voir, pour tel pays, la quantité de sucre pouvant se former par jour de telle époque à telle autre.

Il faut dire que généralement la richesse de la canne paraît diminuer après un arrosage forcé, ou une pluie abondante.

Cette diminution n'a pas lieu de suite, elle ne se fait sentir que quelques jours après.

C'est pour ce genre d'expériences que l'on doit prendre de grandes précautions pour le prélèvement des échantillons, autrement on peut avoir des résultats tout à fait anormaux.

Nous renvoyons aux ouvrages spéciaux concernant la culture de cannes pour avoir des tableaux particuliers sur la marche du sucre et du glucose durant la végétation, notamment ceux de M. Bonâme, E. Delteil, J. Rouff, etc., etc.

II. — **Variations de composition de la canne récoltée.**

1° *Expériences du Dr Icery.*

Le docteur Icery a publié une étude remarquable sur la composition de la canne, intitulée : *Recherches sur le jus de la canne à sucre,* parue en 1865. On y trouve des renseignements très intéressants.

L'auteur a étudié surtout la canne à l'île Maurice et a poursuivi ses expériences pendant plusieurs années.

Il a donc de son côté examiné la composition de la canne suivant la hauteur et a publié un tableau démontrant la variation de composition des jus de cannes et leur teneur en sucre cristallisable. Sur plusieurs échantillons il a déterminé le poids des cendres, les matières albuminoïdes et enfin le sucre incristallisable.

Les analyses que nous donnerons plus loin, extraites d'autres publications, ne feront que confirmer l'ensemble des résultats obtenus par le docteur Icery, qui en outre a étudié aussi la composition de la canne suivant qu'on analysait la partie centrale ou la partie corticale de la tige. Nous rappellerons plus loin ses essais.

2° Résultats de M. P. Bonâme sur une même touffe.

Pendant la fabrication on reçoit des cannes de qualité très différente. Un grand nombre de nos collègues ont fait à ce sujet des analyses très intéressantes. Il serait trop long de les rappeler toutes. Prenons-en quelques-unes publiées dans ces derniers temps par M. P. Bonâme, dans son rapport annuel de la Station agronomique de l'île Maurice pour 1895.

Tableau n° XV. — Cannes d'une même touffe.

	No 1.				No 2		
POIDS	SUCRE p. 100 gr. de cannes.	GLUCOSE p. 100 gr. de sucre.	PURETÉ du jus.	POIDS.	SUCRE p. 100 gr. de cannes.	GLUCOSE p. 100 gr. de sucre.	PURETÉ du jus.
gr.				gr.			
1. 2 135	13.96	4.2	86.2	1 125	15.85	1.4	91.0
2. 1 950	15.56	1.3	90.4	1 043	15.88	1.6	91
3. 1 285	15.14	1.4	89.2	877	15.85	1.6	91
4. 1 280	13.29	2.4	85.6	829	15.26	6.4	89.0
5. 1 090	15.25	0.8	92.2	603	14.70	11.0	83.9
6. 835	16.35	0.7	90.4	»	»	»	»
7. 925	16.64	0.6	92.0	»	»	»	»
8. 810	16.15	0.7	89.7	»	»	»	»
9. 355	17.56	0.7	92.0	»	»	»	»

Ensuite M. P. Bonâme cite d'autres tableaux dans lesquels on trouve les écarts ci-après, en prenant les maximums ou les minimums dans l'un ou l'autre desdits tableaux.

Tableau n° XVI.

VARIATIONS.	SUCRE p. 100 gr. de cannes.	GLUCOSE p. 100 gr. de sucre.	PURETÉ du jus.	POIDS d'une canne.
Maximum .	17.66	0.70	94.9	3ᵏˢ,250
Minimum .	8.17	16.1	73.1	0 ,355

3° Résultats de H. Pellet sur diverses cannes.

De notre côté nous avons eu, pour un lot composé de cannes très variables comme aspect et couleur, c'est-à-dire droites, courbes, blanches, rouges, rubanées, minces, épaisses, les résultats ci-après :

Tableau n° XVII.

	POIDS.	SUCRE p. 100 gr. de cannes.	GLUCOSE p. 100 gr. de sucre.	PURETÉ.
	gr.			
1.	1 540	14.5	1.2	91.4
2.	1 260	12.5	4.4	85.7
3.	1 185	10.7	9.8	79
4.	1 175	11.8	6.6	83.6
5.	1 095	12.0	5.4	86.5
6.	1 070	10 8	16.3	77
7.	1 055	14.3	1.8	93
8.	915	7.6	34.0	60
9.	335	9.6	6.1	76.7
10.	320	11.3	3.3	80
11.	200	13.6	2.1	85
12.	195	9.4	10.7	77.7
13.	160	11.7	6 0	84.3
14.	105	12.7	2.3	86.2

Nous avons également trouvé des cannes ayant des poids moyens de 1 100 à 1 200 gr. et contenant jusqu'à 17 et 19 de sucre p. 100 gr. de cannes avec des traces de sucre réducteur, mais malheureusement ce sont là des exceptions et non des cannes tout venant et récoltées durant toute une fabrication.

Malheureusement aussi, ce sont de tels échantillons que Péligot a analysés lorsqu'il a publié ses recherches sur la composition chimique de la canne à sucre de la Martinique en 1840. Péligot a eu en effet des cannes ayant été choisies et qui ont présenté une composition tout à fait spéciale.

Ce savant chimiste a trouvé que la canne devait contenir 17 à 18 p. 100 de sucre cristallisable, et qu'il n'existait dans le jus que des traces de *sucre incristallisable.*

C'est de cette analyse et d'autres faites par Hervy qu'on est parti

Fig. 1. — Photographie de cannes diverses.

pour affirmer que le jus de la canne est une solution presque pure de sucre et que si on trouvait du sucre incristallisable dans les mélasses, c'est qu'il s'était formé pendant les manipulations, le sucre incristallisable ne préexistant pas dans la canne à sucre [1].

Tous les fabricants de sucre de cannes savent aujourd'hui et depuis longtemps que le sucre incristallisable préexiste dans la canne en quantité plus ou moins grande, et que, suivant la maturité des cannes, leur âge, les conditions de culture, de végétation, l'année, etc., etc., la proportion de sucre incristallisable peut varier de 2 à 10 p. 100 du poids du sucre cristallisable. En général, si on prend des moyennes, elle varie de 3 à 6.

4° *Resultats de M. P. Bonâme suivant la hauteur.*

Si maintenant on examine la composition de la canne suivant sa hauteur, on arrive encore à des variations considérables.

---

1. Rapport de E. Péligot, 1843, p. 36.

Prenons quelques exemples dans le rapport de M. P. Bonâme.

Tableau n° XVIII. — Cannes divisées en 8 parties.

	No 1.			No 2.			No 3.		
	SUCRE p. 100 gr. de cannes.	GLUCOSE p. 100 gr. de sucre.	PURETÉ du jus.	SUCRE p. 100 gr. de cannes.	GLUCOSE p. 100 gr. de sucre.	PURETÉ du jus.	SUCRE p. 100 gr. de cannes.	GLUCOSE p. 100 gr. de sucre.	PURETÉ du jus.
1.	16.68	0.17	93.4	11.61	1.3	88.6	13.31	1.0	89.5
2.	16.58	0.18	93.2	11.09	1	87.5	14.61	0.8	88.7
3.	16.64	0.30	93.2	10.05	6.4	83.4	14.72	1.4	88
4.	17.05	0.30	94	8.77	13.3	79.4	14.12	2.2	87
5.	17.50	0.40	94.8	7.81	20.6	70.2	13.41	3.2	86.8
6.	17.50	0.40	94.8	5.01	52.4	54.1	12.92	3.8	84.5
7.	17.16	0.40	94	2.55	145	33.3	12.69	3.4	85.9
8.	14.42	0.40	93.8	0.80	533	11	12.36	3.6	85.5

Le plus souvent on trouve une des marches ci-après :

Tableau XIX.

	1.			2.			3.		
	SUCRE p. 100 gr. de cannes.	GLUCOSE p. 100 gr. de sucre.	PURETÉ du jus.	SUCRE p. 100 gr. de cannes.	GLUCOSE p. 100 gr. de sucre.	PURETÉ du jus.	SUCRE p. 100 gr. de cannes.	GLUCOSE p. 100 gr. de sucre.	PURETÉ du jus.
1.	13.18	2.4	87.7	13 93	2.0	88.8	14.43	4.3	88.5
2.	12.56	3.7	85.4	14.02	5	88.3	14.39	3.7	88.3
3.	12.33	4.2	84.6	13.29	7.2	87.0	14.40	4.2	86.6
4.	12.42	4	82.6	12.60	9.6	83.5	14.74	3.7	88.2
5.	12.29	4.2	81.8	12.53	8.7	84.1	14.59	3.6	87.7
6.	11.82	3.7	81.8	12.28	8.6	82.4	14.33	3.3	89.3
7.	11.20	4.8	79.4	12.54	8.1	83.4	12.17	8.9	79.6
8.	10.97	6.2	80.0	9.74	10.0	77.8	7.71	40.9	59.6

5° *Résultats de H. Pellet suivant la hauteur.*

De notre côté nous avons obtenu les résultats ci-après :

Mélange de 10 cannes . . . { 7 rouges
2 blanches
1 rubanée } obtenues par irrigation.

et présentant chacune 16 tronçons de différente hauteur ou diamètre.

On a coupé chaque canne tronçon par tronçon et on a analysé chaque lot ainsi formé. On en a profité pour mesurer la longueur moyenne d'un tronçon, son poids et calculer le poids du mètre.

On a répété des essais sur d'autres séries de cannes et on a eu des chiffres se rapprochant beaucoup de ceux résumés dans le tableau ci-après.

Tableau XX.

TÊTE.	LON-GUEUR d'un tronçon.	POIDS d'un tronçon.	POIDS du mètre.	DENSITÉ du jus.	SUCRE p. 100 cc. de jus.	PURETÉ du jus.	GLUCOSE p. 100 gr. de sucre.	QUOTIENT salin.
	millim.	gr.	gr.					
	»	»	»	1040.5	2.78	26.4	74	1.0
1	55	15	272	1 010	4.56	43.1	10.5	2.25
2	82	35	427	1 049	6.95	54.7	11.6	»
3	98	46	469	1 053	9.06	65.9	7.2	»
4	110	59	537	1 057	10.81	72.9	5.7	10.70
5	122	68	557	1 062	12.50	77.6	4.7	»
6	122	68	557	1 066	13.70	80.1	4.1	»
7	133	76	571	1 067	14 70	84.4	3.1	20.70
8	130	76	584	1 069	15.45	86.3	2.9	»
9	130	80	615	1 070	15.93	87.3	2.4	»
10	125	78	624	1 071	16.19	88.0	2.3	29.40
11	120	78	650	1 072	16.58	88.7	2.0	»
12	115	76	660	1 071	16.77	91.3	1.7	»
13	107	72	678	1 071.5	17.09	92.4	1.3	»
14	100	70	705	1 070.5	17 0	92.7	1.2	»
15	73	52	712	1 069	16.64	92.7	1.2	37.8
16	54	30	555	1 072.9	16.84	90.1	1.1	34.7

On voit donc que si on découpe de la canne en rondelles, on peut en trouver ayant de 18 à 20 p. 100 de sucre, avec des traces de glucose, et d'autres ayant 2 à 3 p. 100 de sucre avec une proportion de glucose presque égale et pouvant la dépasser dans quelques cas exceptionnels.

C'est ce qui explique pourquoi il est si difficile de préparer un échantillon moyen de cannes, même après un découpage en rondelles plus ou moins épaisses, et divisées ensuite en petits morceaux, surtout lorsqu'on doit opérer l'analyse sur 1, 2 ou 3 fois le poids normal de matière.

Il suffit de la présence d'un morceau très riche ou pauvre pour influencer le résultat. Aussi, est-il rare dans les conditions ordinaires d'obtenir 2, 3 et 4 résultats identiques par le mélange rapide des cossettes même divisées (poids saccharimétrique).

On obtient des écarts de 0,1 à 0,5. Voici, par exemple, un essai (même pulpe, pris 32^g,40 dans 200 centimètres cubes) :

	SUCRE p. 100 gr. de cannes.
I.	17.5
II.	17.9
III.	17.7
IV.	17.6

Lorsqu'on prend beaucoup de soins, on parvient cependant à obtenir des résultats plus rapprochés :

I.	13.17
II.	13.13
III.	13.39
IV.	13.06
Moyenne générale.	13.19

H. Winter, dans le laboratoire d'essais d'Ouest-Java à Kagok-Tegal, a également constaté qu'en prenant toutes les précautions nécessaires pour la préparation de l'échantillon, on obtenait des résultats très concordants pour deux analyses exécutées par le même procédé :

I. {	Essai n° 1.	16.02
	— 2.	16.02
II. {	— 1.	16.93
	— 2.	16.93

mais on doit toujours craindre l'évaporation par le temps passé pour une division permettant des résultats aussi exacts que ceux cités plus haut.

Mais ce n'est pas tout.

III. — Composition de la canne coupée en deux parties suivant l'axe longitudinal.

1° Résultats de H. Winter.

H. Winter a fait dès 1886 des essais à ce sujet précisément pour diminuer de moitié la quantité de matière à réduire en cossettes pour l'analyse directe de la canne.

Il a trouvé les résultats ci-après (30 cannes divisées en deux parties, analysées directement sur 35 gr. de matière représentant autant que possible un échantillon moyen) :

	SUCRE p. 100 gr.
Analyse sur une moitié.	17.33
— l'autre moitié.	17.35

La différence est nulle et pas plus grande que si on avait opéré deux analyses sur un seul échantillon.

Nous avons examiné la même question, mais au point de vue tout à fait industriel, c'est-à-dire en séparant les cannes en deux parties aussi égales que possible, afin de voir si, même en ne prenant pas toutes les précautions voulues pour un partage absolument exact en deux, les écarts d'analyse pouvaient être notables.

2° Expériences de H. Pellet.

Voici nos analyses :

Tableau XXI. — Janvier 1897.

I. — 10 cannes séparées en deux suivant la longueur :

	POIDS	DENSITÉ du jus.	SUCRE p. 100 cc. de jus.	SUCRE p. 100 gr. de jus.	GLUCOSE p. 100 gr. de sucre.
	gr.				
Analyse de la 1re moitié.	2 500	1 075	17.32	16.19	0.29
— 2e moitié.	3 300	1 074.5	17.49	16.28	0.28
Moyennes . . .		1 074.75	17.40	16.24	0.285

Tableau XXII.

II. — Autre série, 27 cannes :

	DENSITÉ du jus.	SUCRE p. 100 cc. de jus.	SUCRE p. 100 gr. de jus.	SUCRE p. 100 gr. de cannes. (coeff. 86)	GLUCOSE p. 100 cc.	GLUCOSE p. 100 gr. de sucre.	PURETÉ du jus.	POIDS moyen de la canne.
1re moitié.	7.57	17.42	16.19	13.92	0.42	2.4	88.3	830
2e moitié .	7.62	17.81	16 55	14.25	0.37	2.1	88.5	890
Moyennes .	7.60	17.62	16.37	14.08	0.40	2.25	88.4	860
Écarts sur la moyenne.	∓0.03	∓0.20	∓0.12	∓0.17	∓0.05	∓0.15	∓0.1	∓30

Ces résultats sont parfaitement acceptables pour l'analyse courante des échantillons de cannes. Par conséquent, on peut découper les cannes en deux parties aussi égales que possible suivant leur longueur pour passer au moulin ou aux appareils à produire la cossette moitié moins de poids, et en divisant les cannes en 4 tronçons suivant la hauteur. Si on prélève alternativement les nos 1 et 3 sur une canne et les nos 2 et 4 sur l'autre et ainsi de suite en suivant les cannes à peu près classées par ordre de grandeur, ainsi que nous l'avons dit d'après les essais de M. P. Bonâme, on n'a plus que le quart de la canne totale, ce qui facilite considérablement la besogne finale.

IV. — Composition des nœuds et des entre-nœuds.

1° Résultats de M. le Dr Icery.

Si, au lieu d'examiner tous les tronçons d'une canne comprenant à la fois un nœud et un entre-nœud, on étudie la composition séparée du nœud et de l'entre-nœud, on arrive à constater des variations sensibles.

Icery avait déjà indiqué en 1865 les résultats ci-après :

Tableau XXIII.

	DENSITÉ du jus.	SUCRE.
Partie corticale	107.4	17.9
Partie nodulaire. . . .	106.9	17.1
Partie médullaire . . .	107.4	18.4

2° Résultats de M. P. Bonáme.

M. P. Bonàme, dans son remarquable ouvrage sur la culture de la canne à sucre (2ᵉ édition, 1888), a donné également des analyses de nœuds et d'entre-nœuds.

Tableau XXIV.

		SUCRE.	GLUCOSE.
Nœuds	1 . . .	13.31	0.29
	2 . . .	12.74	0.28
	3 . . .	16.63	0.32
Entre-nœuds correspondants.	1 . . .	16.51	0.60
	2 . . .	16.08	0.84
	3 . . .	19.72	0.48

3° Résultats de M. H. Winter.

H. Winter, à Java, s'est livré également à des essais de cette nature qu'on trouve dans la brochure du Dʳ Krüger, déjà citée, livre Iᵉʳ, page 27.

Tableau XXV.

		SUCRE p. 100 gr. de la matière.	LIGNEUX.	SUCRE p. 100 gr. du jus.
1.	Nœud	15.5	16.46	18.55
	Entre-nœuds . . .	17.5	11.69	19.82
2.	Nœud	15.7	11.62	17.76
	Entre-nœuds . . .	17.5	9.15	19.26
3.	Nœud	13.7	17.77	16.78
	Entre-nœuds . . .	16.9	11.02	18.99
4.	Nœud	17.5	18.31	21.42
	Entre-nœuds . . .	19.1	11.52	21.59
5.	Nœud	13.4	16.51	16.05
	Entre-nœuds . . .	16.4	10.02	18.23
6.	Nœud	14.1	16.92	16.97
	Entre-nœuds . . .	14.4	12.42	16.44
7.	Nœud	15.8	14.50	18.48
	Entre-nœuds	16.4	9.77	18.17

Nous pourrions également rappeler des essais de bien d'autres collègues, publiés récemment, mais qui sont dans le même sens (E. Delteil, etc.).

Il y a donc toujours moins de sucre p. 100 gr. de matière dans la partie nodulaire, mais dans le jus de l'entre-nœud on peut trouver parfois une quantité de sucre presque égale ou légèrement inférieure à celle du sucre contenu dans le jus fourni par la partie nodulaire. Il n'y a pas de règle absolue à cet égard.

V. — Composition de la canne suivant son diamètre.

1° *Résultats de M. P. Bonâme.*

Si l'on examine alors la canne suivant son épaisseur, on arrive à constater que la partie centrale est plus riche que la partie corticale.

	LIGNEUX.	SUCRE.	CENDRES.
Partie corticale.	20.80	13.05	0.61
Partie médullaire	6.22	15.46	0.25

Nos essais ont démontré également que la pureté du jus de la partie corticale était plus faible et qu'il y avait plus de sucre incristallisable.

Enfin, le jus extrait de la partie extérieure des tiges est plus coloré que celui extrait de la partie centrale.

2° *Résultats de M. H. Winter.*

Cependant, si l'on divise la canne en 3 parties suivant son diamètre en extrayant, par exemple, 15 millimètres au centre à l'aide d'un perce-bouchon, et que sur le restant on enlève l'écorce, on a une rondelle désignée sous le nom de périphérie.

A l'analyse, le Dᵣ H. Winter a obtenu les résultats ci-après (Java) :

Tableau XXVI. — Entre-nœuds.

		SUCRE. p. 100 gr. de cannes.	LIGNEUX.	SUCRE. p. 100 gr. de jus.
1.	Cœur	17.6	4.46	18.42
	Périphérie.	18.5	6.15	19.92
	Écorce.	9.6	25.31	12.85
2.	Cœur	15.0	3.57	15.56
	Périphérie.	14.6	6.45	15.61
	Écorce.	»	29.29	»
3.	Cœur	19.2	4.72	20.15
	Périphérie.	10.0	9.29	20.95
	Écorce.	5.99	41.75	10.28
4.	Cœur	17.6	4.68	18.46
	Périphérie.	17.1	8.60	18.71
	Écorce.	5.21	46.11	9.67

VI. — Composition des différentes fibres de la canne.

Expériences de H. Winter.

H. Winter a essayé également d'étudier les diverses fibres de la canne, comme on l'a fait pour la betterave, en analysant les zones différentes ainsi que l'avait fait Payen, également pour la canne.

Payen a nettement indiqué le siège du sucre cristallisable dans toutes les parties de la canne par un examen microscopique détaillé [1] et a montré que la richesse en sucre des cellules était très variable suivant qu'elles faisaient partie de tel ou tel tissu, mais Payen n'a pas indiqué de chiffres.

M. H. Winter, au contraire, a donné des analyses de deux sortes de tissus de la canne qu'il a désignés sous le nom de *fibres vasculaires* et de *cellules parenchymeuses*.

---

1. Voir *Précis de chimie industrielle*, tome II, 1867, p. 345, et atlas.

A l'analyse il a eu :

Tableau XXVII.

		SUCRE. p. 100 gr. de cannes.	LIGNEUX.	SUCRE p. 100 gr. de jus.
1.	Fibres vasculaires A . . .	15.63	14.22	18.22
	Cellules parenchymeuses B.	18.88	5.00	19.87
2.	Fibres vasculaires A . . .	15.47	11.75	17.53
	Cellules parenchymeuses B.	19.29	4.50	20.20
3.	Fibres vasculaires A . . .	14.04	12.28	16.01
	Cellules parenchymeuses B.	17.40	4.41	18.20
4.	Fibres vasculaires A . . .	9.83	9.00	10.80
	Cellules parenchymeuses B.	11.11	4.20	11.60
5.	Fibres vasculaires A . . .	14.54	9.17	16.01
	Cellules parenchymeuses B.	16.15	4.00	16.82

VII. — Analyse des nœuds et entre-nœuds à diverses hauteurs de la canne[1].

Expériences de M. J. L. Beeson sur cannes de 1re et 3e années.

M. J. L. Beeson a étudié cette question à la station expérimentale de la Louisiane et il a trouvé les résultats ci-après :

Tableau XXVIII. — Analyse du jus.

20 cannes; 1re année; poids moyen : 1 350 gr.

	TOTAL des matières sèches.	SUCRE réducteur.	SACCHAROSE.	PURETÉ.	GLUCOSE P. 100 gr. de sucre.	NON-SUCRE.
Sommet de la tige :						
Nœuds	15.5	0.66	12.7	80.9	1.23	2.64
Entre-nœuds	16.8	1.20	15.0	89.3	8.00	1.60
Partie médiane :						
Nœuds	16.2	0.20	13.5	83.4	14.8	2.90
Entre-nœuds	17.6	1.00	15.6	88.6	6.41	1.00
Partie inférieure :						
Nœuds	14.2	0.26	11.9	83.8	2.19	2.04
Entre-nœuds	17.2	0.89	15.1	87.7	5.89	1.21

1. *Bulletin de l'Association des chimistes de sucrerie et de distillerie*, 1895-1896, p. 362.

Tableau XXIX.

20 cannes ; 3e année :

Sommet de la tige :	TOTAL des matières sèches.	SUCRE réducteur.	SACCHAROSE.	PURETÉ.	GLUCOSE p. 100 gr. de sucre.	NON-sucre.	LIGNEUX ou fibre.
	—	—	—	—	—	—	—
Nœuds	15.3	0.10	11.3	73.9	1.60	3.82	15.56
Entre-nœuds. .	16.9	1.25	14.3	84.6	8.37	1.35	8.60
Partie médiane :							
Nœuds	16.7	0.07	13.7	82	0.57	2.90	15.9
Entre-nœuds. .	17.7	0.98	16.0	90.4	6.13	0.72	8
Partie inférieure :							
Nœuds	15.7	0.15	12.8	81.5	1.17	2.75	18.28
Entre-nœuds. .	17.7	0.61	16.4	92.6	3.78	0.69	8.0

Tableau XXX.

	GLUCOSE.	SACCHAROSE.
1° Cannes effeuillées ; œils moyens :		
Nœuds sur toute la tige	0.40	12.0
Entre-nœuds sur toute la tige	1.23	15.5
2° Cannes à œils très développés (cannes aussi semblables que possible aux précédentes) :		
Nœuds sur toute la tige	0.50	12.8
Entre-nœuds sur toute la tige	1.11	13.4
3° Rejetons naissants :		
Nœuds situés à la moitié et au tiers de la base.	0.30	12.0
Entre-nœuds situés à la moitié et au tiers de la base.	0.91	16.1

Tableau XXXI. — Cannes normales et avariées.

	MATIÈRES solides.	SUCRES réducteurs.	SACCHAROSE.	NON-SUCRE.
Cannes coupées pour l'usine :	—	—	—	—
Moyenne des nœuds	14.91	0.79	10.55	3.57
— des entre-nœuds.	15.40	1.25	10.85	3.30
Cannes ayant souffert de la gelée :				
Moyenne des nœuds	12.77	0.93	9.10	2.74
— des entre-nœuds.	14.87	1.06	12.20	1.46
Cannes plus détériorées :				
Moyenne des nœuds	13.62	1.44	8.1	3.08
— des entre-nœuds.	15.17	0.91	12.0	2.17

CANNE A SUCRE.   3

VIII. — **Les bouts blancs.**

Lorsqu'on a brisé la canne à la partie supérieure pour enlever la plus grande partie des feuilles, on continue le nettoyage de toute la tige en enlevant les parties foliacées plus ou moins sèches qui entourent la canne jusqu'à une certaine longueur au-dessous de la tête. On a la canne absolument dénudée, mais qui peut encore subir un nettoyage plus complet.

C'est d'abord le pied qui est quelquefois entouré de racines plus ou moins dures et qu'on doit enlever, ce chevelu contenant souvent de la terre. Puis, principalement, c'est la tête de la canne qui doit être enlevée jusqu'à l'entre-nœud considéré comme faisant partie de la canne elle-même. Nous voulons parler des bouts blancs.

Lorsque la canne est blanche, le bout blanc ne s'aperçoit pas très bien au premier examen de la canne effeuillée ; mais lorsqu'on a l'habitude, on reconnaît parfaitement ce qui doit être considéré comme bout blanc. Ces bouts blancs ont de suite un diamètre plus faible que la tige normale, ils sont moins longs et beaucoup plus tendres.

Les cultivateurs, quels qu'ils soient, ne s'y trompent pas, mais font leur possible pour les laisser.

Quand la canne est colorée rouge, violacée, rubanée, etc., alors le bout blanc est véritablement bien détaché de la canne normale.

Toujours plus petit de diamètre, ayant moins de poids, il présente une coloration presque nulle et quelquefois une coloration très faible et sur un côté seulement.

Tout cela doit être considéré comme bout blanc et les auteurs sont parfaitement d'accord pour affirmer qu'ils doivent être enlevés et rejetés comme ne devant pas être livrés à la sucrerie.

Ceux qui ont donné cette conclusion s'appuient avec raison sur la qualité détestable de ces bouts blancs, qui, en général, sont très pauvres en sucre, riches en glucose et ont une pureté excessivement basse, souvent inférieure à 50°.

En outre, le jus des bouts blancs est très acide et peut être le siège d'altérations, qui ont ensuite un effet sur le jus normal extrait de la canne travaillée.

Voici quelques analyses desdits bouts blancs.

P. Bonâme a donné les résultats ci-après :

Tableau XXXII.

	SUCRE.	GLUCOSE.	La canne normale ayant environ :	
			SUCRE.	GLUCOSE.
1.	4.01	6.57	13	3
2.	9.07	1.95	15	1.50
3.	14.90	1.15	17	0.50
4.	16.80	0.70	22.7	0.50

A la Réunion, M. Delteil a obtenu[1] :

Tableau XXXIII.

		SUCRE.	GLUCOSE.	EAU.	LIGNEUX	MATIÈRES organiques.	SELS.	DENSITÉ du jus. (Baumé.)
Bout blanc. .	0^m,10	3.80	1.33	84.05	9.96	0.38	0.48	3,7
Haut. . . .	0 ,55	13.37	0.81	76.89	9.51	0.35	0.47	9,3
Milieu. . . .	1 ,10	18.09	0.16	70.40	10.71	0.32	0.30	11,6
Bas.	0 ,55	18.59	0.14	68.92	11.55	0.30	0.50	12

De notre côté, nous avons obtenu des résultats se rapprochant de ceux de M. Delteil. Voici quelques analyses prises parmi les nombreuses que nous avons exécutées.

Tableau XXXIV.

Densité du jus des bouts blancs.	1 025	à	1 050
Sucre p. 100 centimètres cubes.	2.5	à	8
Glucose p. 100 centimètres cubes	3	à	1.50
Glucose p. 100 gr. de sucre	20	à	100
Pureté du jus	35	à	60

Quelquefois les bouts blancs sont bien éliminés des cannes, au moins en grande partie, mais reviennent dans les wagons sous forme de bouts tout venant placés au centre et plus ou moins cachés par de la canne bien propre et bien rangée.

---

1. Voir aussi Bonâme, p. 155.

Analyses de M. C. Saillard.

M. C. Saillard a publié un tableau intéressant sur la composition des différentes parties de la canne, en ce sens qu'il a résumé plusieurs essais afin de démontrer l'intérêt que le fabricant avait d'abord à enlever les parties supérieures des cannes et ensuite à chercher un moyen d'acheter la canne à sa richesse réelle, vu les grandes variations de qualité des cannes fournies, payées au poids brut, ce « qui est une véritable prime à la mauvaise culture et aux coupes hâtives ». (*Bulletin de l'Association des chimistes de sucrerie et de distillerie de France et des colonies*, numéro d'avril 1891.)

Tableau **XXXV**. — Tableau résumant les essais : analyse du jus.

	BRIX.	SUCRE p. 100 gr. de jus.	PURETÉ.	GLUCOSE p. 100 gr. de jus.	GLUCOSE p. 100 gr. de sucre.
Partie inférieure (presque toute la canne).	16.55	14.46	87.35	1.23	8.53
Partie supérieure (les 3 nœuds et entre-nœuds de tête)	15.09	5.94	39.36	2.33	39.97

IX. — Composition des cannes avariées.

Si la composition de la canne normale apportée à l'usine est très variable malgré une maturité presque égale, la richesse des cannes avariées peut présenter et présente en effet des variations considérables.

On peut avoir, par exemple, des cannes qui, du jour au lendemain, se sont complètement modifiées, tant au point de vue physique qu'au point de vue chimique, par suite de diverses circonstances.

Ce sont des cannes, par exemple, qui, ayant subi une légère atteinte de la gelée, peuvent rester plusieurs semaines sur pied sans altération sensible si la température n'est pas très élevée, mais surviennent les chaleurs et la canne ne peut plus se maintenir. Elle change de couleur ; la tête est le foyer d'une altération plus ou moins prononcée ; il s'écoule des substances visqueuses de l'écorce, possédant une odeur désagréable ; on remarque des parties colorées en rouge, etc.

On constate alors que le jus de ces cannes a diminué en sucre cristallisable et a augmenté fortement en sucre incristallisable, mais qu'il y a eu perte de matière sucrée, puisque le total sucre et glucose ne correspond pas au total des deux sucres contenus dans la canne fraîche ou normale.

Puis il y a les cannes attaquées par divers animaux, brisées et laissées dans le champ.

Si les cannes à l'état normal contiennent, par exemple, 13 de sucre pour 100 gr. de matière et 4 de glucose pour 100 gr. de sucre avec une pureté de 85 dans le jus, selon le degré d'altération la richesse en sucre peut descendre à 7.8 de sucre p. 100 de la canne avec 10.15 et 20 de glucose pour 100 gr. de sucre, pour une pureté de 65 à 75 seulement dans le jus.

Ces cannes doivent donc être, autant que possible, séparées des cannes normales, car si on peut encore espérer recueillir un peu de sucre du jus extrait, l'altération d'un tel jus peut provoquer des difficultés dans le travail du jus de toutes les cannes écrasées ou coupées.

Mais, quoi que l'on fasse, il en passe toujours dans la fabrication, si bien que l'on a encore, de ce fait, une difficulté pour prendre un échantillon de la canne, soit dans les wagons, soit dans les tas de cannes destinées à aller au moulin, etc.

X. — Composition des cannes brûlées.

Dans certains pays, suivant les années et les circonstances locales, on a à enregistrer plusieurs incendies éclatant dans les champs de cannes. Des dispositions sont prises pour faire la part du feu et en arrêter ainsi le progrès, ce qui, malgré tout, occasionne parfois des dommages sérieux.

La canne brûlée peut encore être travaillée, mais elle ne peut pas être conservée beaucoup de temps après avoir subi l'action de la chaleur.

Le laps de temps est très variable suivant le degré de chaleur que la canne a dû subir et la durée de l'incendie.

Si le feu ne s'est propagé que par les extrémités des cannes sans trop endommager la tige elle-même, protégée par des feuilles encore plus ou moins vertes, la canne ainsi brûlée peut rester encore sur le champ plusieurs jours et être coupée sans trop de précipitation. Mais si la canne a eu à subir une haute température, et ce durant un temps assez long pour faire éclater pour ainsi dire l'écorce, alors la canne est beaucoup plus sujette à s'altérer rapidement. C'est alors au fabricant à voir s'il a intérêt à travailler la canne plus ou moins altérée et le prix à en offrir.

XI. — Composition des cannes conservées.

1° Essais de H. Pellet.

Les cannes une fois coupées s'altèrent en général assez rapidement. Déjà après 18 ou 24 heures on peut remarquer une légère différence dans la pureté du jus et dans la quantité de glucose renfermée dans le jus normal, surtout si la canne en contient une faible proportion.

En effet, si une canne donne un jus n'ayant que 2 à 2.2 de réducteur pour 100 gr. de sucre, une légère augmentation des principes réducteurs se traduira par une proportion de suite plus élevée pour 100 gr. de sucre.

Au contraire, un jus ayant déjà 7 à 8 de réducteur p. 100 de sucre ne paraît pas en contenir beaucoup plus après la même durée de conservation.

Comme toujours, ces essais ne peuvent avoir quelque valeur qu'en opérant sur des quantités de cannes et en répétant les essais aussi souvent que possible.

Le changement qui s'opère dans les cannes conservées varie aussi avec la qualité même des cannes, leur degré de maturité, la température durant la conservation, l'humidité, si les cannes sont en tas, en wagons, en barques, etc., si les cannes coupées sont elles-mêmes saines ou déjà atteintes par la maladie.

Il est donc absolument impossible de dire ou de savoir la perte en sucre, ou la transformation de sucre en glucose qui peut avoir lieu en un temps déterminé pour toutes les cannes.

Néanmoins, nous avons fait quelques essais qui présentent, croyons-nous, quelque intérêt.

1re série (décembre 1895). — On a préparé 10 paquets de 21 cannes aussi semblables que possible comme grandeur, diamètre, etc.

De chaque paquet contenant 20 tiges, on a extrait 3 cannes au hasard, ce qui a permis de faire une analyse donnant la moyenne au départ. On a fait l'analyse séparée des dix paquets de 3 cannes. On a eu :

Tableau XXXVI.

	DENSITÉ.	SUCRE p. 100 gr. de cannes.	GLUCOSE p. 100 gr. de sucre.	PURETÉ.
Maximum	1 070.5	13.80	6.02	89.3
Minimum	1 064.7	11.92	2.72	83.7
Moyennes	1 068	13.0	3.9	87.4

Tous les trois jours on prélevait un paquet qui était analysé. On a pu ainsi dresser le tableau ci-après, en ne donnant que les principaux résultats :

Tableau XXXVII. — Conservation à l'air libre.

	DENSITÉ.	SUCRE p. 100 gr. de cannes.	GLUCOSE p. 100 gr. de sucre.	PURETÉ du jus.	PERTE p. 100 gr. en poids.	NOMBRE de jours de conservation.
1.	1 067	12.16	7.86	84.6	2.62	3 jours.
2.	1 073.5	13.75	7.38	85.4	4.24	7 —
3.	1 076.3	13.57	7.64	88.4	5.53	10 —
4.	1 077	13.33	10.14	80.4	12.2	13 —
5.	1 080.6	13.40	13.37	78.9	16	16 —
6.	1 079.2	13.47	8.81	80 7	20.7	19 —
7.	1 082.5	13.58	11.14	77 9	15	22 —
8.	1 086 5	13.70	8.8	78.1	38	25 —
9-10.	1 091	13.28	18.66	65.6	44.7	28 —

Les différences par période doivent tenir aux différences mêmes, existant dans les paquets analysés. Néanmoins, on voit que le glucose p. 100 de sucre a rapidement augmenté pour s'élever jusqu'à

18.66 p. 100 de sucre, alors que la pureté est descendue de 88.4 à 65.6.

En outre, la richesse pour 100 gr. de cannes, sauf pour le premier lot, qui présente une anomalie, paraît être restée la même pour 100 gr. de cannes, malgré la perte de poids atteignant 44.7 p. 100. Donc par la conservation, la richesse n'augmente pas sensiblement, mais le glucose augmente et la pureté diminue — et la quantité de glucose formé, ajoutée au poids du sucre cristallisable, ne représente pas le total des deux sucres au départ.

2ᵉ série. — Mêmes conditions ; mois de janvier 1896.

Tableau XXXVIII. — Analyse moyenne des dix paquets.

	DENSITÉ.	SUCRE p. 100 gr. de cannes.	GLUCOSE p. 100 gr. de sucre.	PURETÉ du jus.
Maximum	1 074	14.7	2.66	92.7
Minimum	1 067	12.9	4.26	87.
Moyennes. .	1 070.5	13.5	3.3	88.5

On a poursuivi l'essai de conservation pendant 27 jours.
Les paquets ont été mis en tas et dans une salle.

Tableau XXXIX. — Résultats.

	DURÉE de la conservation.	PERTE de poids.	DENSITÉ du jus.	SUCRE p. 100 gr. de cannes.	GLUCOSE p. 100 gr. de sucre.	PURETÉ du jus.
1.	4	2.5	1 072.9	13.4	4.17	89.2
2.	7	4.3	1 071.5	13.6	3.37	88.1
3.	11	10	1 072	14.2	3.8	89.6
4.	15	8.7	1 074	13.7	4.8	87
5.	20	9.0	1 076	14.3	3.10	87.8
6.	23	12.5	1 076.5	13.8	3.70	86.5
7.	25	15	1 081	14.7	3.75	87.1
8.	27	18	1 084	14.9	4.5	85.3

On voit que dans cette deuxième expérience la conservation a été tout à fait différente (température moyenne plus basse).

Durant le mois de février, la perte en poids a été plus forte et l'abaissement de la pureté plus rapide en même temps que l'augmentation du glucose.

3ᵉ série.

Enfin, durant le mois de mars, on a eu les résultats ci-après.

Au moment de la préparation des paquets on a trouvé :

Densité du jus	1 071.5
Sucre p. 100 gr. de cannes	14.3
Glucose p. 100 gr. de sucre.	1.35
Pureté.	93.4

Tableau XL. — Analyses durant la conservation.

	NOMBRE de jours de conservation.	PERTE de poids.	DENSITÉ du jus.	SUCRE p. 100 gr. de cannes (en tenant compte du ligneux).	GLUCOSE p. 100 gr. de sucre.	PURETÉ du jus.
1.	4	4.4	1 073	13.4	4.6	86.9
2.	7	6.9	1 078	13.5	4.8	81.4
3.	10	11.2	1 080.4	13.7	10.4	84
4.	13	11.7	1 077	12.3	13.7	76.5
5.	18	16.6	1 085	13.9	8.8	78.9
6.	23	19	1 091	13.9	20.6	73.7
7.	27	26	1 096	14.0	20.3	75.5

On voit que cette série tient le milieu entre l'essai de décembre et celui de janvier.

Nous disons que pour le sucre p. 100 de cannes nous avons tenu compte de la quantité de ligneux.

En effet, si on ne fait que l'analyse simple du jus sans tenir compte de la perte de poids qui augmente le ligneux, on trouve trop de sucre p. 100 de cannes. Ainsi, dans cet essai n° 4, si on n'avait pas tenu compte du ligneux, on aurait eu pour 100 gr. de cannes les richesses suivantes :

13.5   13.7   14.0   12.7   14.5   14.6   15.1

Ce qui fait que, d'après ces dernières richesses, le sucre paraît augmenter sensiblement dans la canne par suite de la perte de poids, alors qu'en réalité cette augmentation est faible et, si on fait la moyenne, on trouve encore à peu près que le sucre pour 100 gr. de cannes par la dessiccation durant la conservation n'a pas augmenté.

Par conséquent, lorsque, par suite de circonstances quelconques, les cannes n'arrivent à une usine qu'après 5, 6 ou 15 jours, il n'y a pas lieu de tenir compte de la perte de poids. Au contraire, si on n'a que le même poids de sucre pour 100 kilogr. pesés à l'arrivée que pour 100 kilogr. pesés à la coupe, on a, en outre, une pureté plus faible qui se traduit par une forte augmentation dans la proportion de réducteurs. Enfin, la qualité du jus est tout à fait différente et provoque souvent des ennuis dans la fabrication.

On reconnaît donc assez facilement les cannes qui ont ou trop séjourné sur pied, ou qui sont coupées depuis trop longtemps, par la densité élevée du jus, une pureté faible et une proportion considérable de sucres réducteurs en dehors de l'examen physique de la canne qui vient corroborer l'examen chimique. Ces cannes desséchées présentent des parties altérées et colorées des entre-nœuds qui se sont ridés suivant la hauteur et dont le diamètre est devenu plus faible que celui des nœuds qui, eux, n'ont pas subi de modification dans leur diamètre. Lorsqu'on soumet ces tiges à la pression, on remarque également une différence, l'écorce se brise et laisse échapper un jus ayant souvent une mauvaise odeur, alors que les cannes saines se cassent facilement par un coup sec.

Voici quelques analyses de cannes ayant plus ou moins de conservation.

Tableau XLI.

	DENSITÉ du jus.	SUCRE p. 100 gr. de cannes.	GLUCOSE p. 100 gr. de sucre.	PURETÉ du jus.
1.	1 075	11.7	18.6	79.20
2.	1 076.8	11.2	27.5	69.50
3.	1 078.7	11.6	23.20	69.1
4.	1 077	11.0	32.50	67
5.	1 078.5	12.5	11.6	71.2
6.	1 077	12.1	13.7	73.3
7.	1 078.5	12.3	11.6	73.7
8.	1 079	12.4	17.4	73.3
9.	1 082.7	13.0	15.1	73.2
10.	1 071.2	12.6	6.4	83.5
11.	1 082	14.1	9.5	80.2
12.	1 076	13.1	8.3	81.2

2° *Essais de H. Dyer.*

M. H. Dyer, chimiste, chef de fabrication dans une sucrerie de Honolulu, a fait quelques essais sur la qualité de la canne restée trop longtemps même sur pied. Il a eu :

Tableau XLII.

	NOMBRE de dosages.	SUCRE p. 100 cc. de jus.	GLUCOSE		PURETÉ du jus.
			p. 100 cc. de jus.	p. 100 gr. de sucre.	
Cannes récoltées en juin. .	150	17.92	0.63	3.51	86.9
— en juillet.	156	17.46	2.09	11.96	81.1

(*Bulletin de l'Association des chimistes de sucrerie et de distillerie*, avril 1894.)

Nous pourrions également rapporter ici plusieurs tableaux dus à divers de nos collègues concernant la perte en sucre dans les cannes conservées, mais nous avons craint d'allonger ce travail, d'autant plus que tous les chimistes sont d'accord pour reconnaître que la canne commence à s'altérer dès qu'elle est coupée. Naturellement, cette altération est plus ou moins rapide suivant les conditions de la conservation, mais la conclusion de toutes les recherches à cet égard est la même : travailler la canne coupée le plus rapidement possible.

XII. — Composition de la canne de 1re, de 2e année, etc.

On sait que la canne une fois coupée après une première année de végétation laisse un plant qui fournit une canne nouvelle ou repousse dite de 2e année, puis une deuxième pousse qui est la canne de 3e année et ainsi de suite.

Dans certains pays la canne est replantée tous les deux ans, c'est-à-dire que le premier plant ne donne qu'une repousse correspondant à la canne de 2e année. (Égypte principalement, etc.) Dans d'autres contrées le plant dure 3 ans. (Réunion, Maurice, etc.)

A la Guadeloupe on obtient 5 à 6 repousses d'un premier plant.

M. P. Bonâme dit qu'à Cuba et à Porto-Rico les plantations durent plus longtemps et qu'il y en a qui durent 15 et 20 ans.

Il serait intéressant de connaître les différences de rendement et de qualité durant ces diverses années successives.

Ce que l'on a remarqué en général, c'est que le rendement tend à baisser et baisse en effet, si bien qu'à la Guadeloupe la 3ᵉ repousse ou canne de 3ᵉ année ne donne plus que la moitié de la récolte.

Dans d'autres pays, le rendement est déjà presque nul après la 2ᵉ année et baisse de 30 à 60 p. 100 pour la canne de 2ᵉ année.

Au point de vue de la richesse en sucre, nous avons souvent constaté que la canne de 2ᵉ année contenait un peu plus de sucre en moyenne que la canne de 1ʳᵉ année récoltée au même moment, et en outre qu'il y avait souvent une proportion beaucoup moindre de glucose p. 100 de sucre, à richesse égale pour 100 centimètres cubes de jus, proportion pouvant descendre à 0.2 ou 0.3 p. 100 de sucre. Quant à la différence au point de vue de la composition minérale et azotée des deux cannes, elle est très faible.

XIII. — Richesse moyenne de la canne dans différents pays.

Il est bien évident que la richesse de la canne pour un même pays varie d'un endroit à un autre et pour le même endroit d'une année à l'autre.

Néanmoins on constate qu'il y a des différences très notables (moyennes de fabrication). Voici quelques chiffres.

Tableau XLIII.

			SUCRE p. 100 gr. de cannes.
Ile Maurice.	Usine Alma	1887-88 . .	12.62
		1888-89 . .	12.25
		1889-90 . .	12.60
		1890-91 . .	12.58
	Autre partie de l'île plus chaude . .	1889-90 . .	14.90
		1890-91 . .	14.27
Java . . .	1		14.80
	2		13.31
Espagne			11.5 à 13
République argentine (une usine).	1896 . . .		12.50 à 13.3
Égypte			11 à 13
Bourbon (une usine)			15.50
Réunion			13 à 15
Guadeloupe			12.50 à 15.0
Hawaï		1893-94 . .	15.10
		1894-95 . .	15.52
		1896 . . .	14.65
Cuba			13 à 15
Louisiane			11.5 à 13

M. H. Leplay a donné le tableau ci-après dans son étude sur la
formation du sucre (*Bulletin de l'Association des chimistes de sucrerie*, 15 mars 1889), tableau qui nous paraît ne plus être l'expression de la vérité actuellement, si toutefois on a pu avoir à la Réunion,
par exemple, des richesses moyennes de *19.258 pour 100 grammes
de cannes.*

Tableau XLIV.

		SUCRE p. 100 gr. de cannes		GLUCOSE p. 100 gr. de sucre.
		cristallisable.	incristallisable.	
Maurice		15.97	0.569	3.652
Guadeloupe	1877	13.074	0.574	4.390
	1886	15.000	0.700	4.660
Réunion		19.258	0.258	1.339
Madras		12.381	1.593	12.866
Java		13.910	0.75	5.390
Espagne	1886	13.676	0.902	6.522
	1887	11.498	1.041	9 053

Du reste, on a vu, par ce qui précède, combien la richesse de la
canne est sujette à des variations pour un même pays, de telle sorte
qu'il nous paraît impossible de citer des chiffres représentant la
moyenne exacte de la richesse de la canne pour chaque pays. On
peut seulement admettre des généralités et dire, par exemple, ce qui
paraît être vrai, qu'à Maurice la canne y est moins bonne qu'à Java
ou à Haïti, que la canne récoltée en Espagne est relativement de
qualité inférieure par rapport à le qualité des cannes récoltées dans
la plupart des principaux pays producteurs de cannes, tels que Cuba,
Java, etc.

Les richesses indiquées ci-dessus ne peuvent pas évidemment
donner une idée exacte de la richesse moyenne des cannes de chaque région sucrière. Il faudrait pour cela avoir des analyses faites
d'abord de la même façon partout et ensuite des moyennes de la
plus grande partie des usines d'un pays, et ce durant plusieurs
années. Ce qu'il y a de positif, c'est que dans certaines contrées on
travaille des cannes n'ayant pas 10 p. 100 de sucre cristallisable,
fournissant du jus n'ayant que 75 à 77 de pureté, et 11 à 15 de glucose pour 100 gr. de sucre et cela pendant quelques semaines, alors
que dans d'autres régions on travaille des cannes à 15 p. 100 de

sucre, donnant un jus à 89.92 de pureté avec 1 à 2 de glucose seulement p. 100 de sucre, ce qui correspond à des rendements en sucre pour 100 kilogr. de cannes variant presque du simple au double pour la même extraction de jus.

En outre, si on fait la moyenne de plusieurs pays durant plusieurs années, on constate des richesses de cannes de 11.5 à 12 p. 100 de sucre, alors que dans d'autres régions on n'écrase que des cannes à à 14 ou 15 p. 100, donnant des jus à 88 ou 90 de pureté et 1 à 3 de glucose pour 100 gr. de sucre, d'où des différences de rendement pour 100 kilogr. de cannes, de 2 à 4 pour une extraction de jus semblable et le même mode de purification du jus extrait.

Si l'on ajoute à cela l'influence du mode d'extraction du jus, les uns n'obtenant que 65 à 67 kilogr. de jus pour 100 kilogr. de cannes, les autres 75 et jusqu'à 84, on parvient à comprendre qu'il est impossible d'établir un parallèle entre la richesse de la canne à sucre et son rendement en sucre, par rapport au rendement de la betterave.

A une certaine époque, évidemment, la qualité de la betterave était excessivement variable d'un pays à l'autre, d'un département à un autre, mais, sauf quelques exceptions, soit en plus, soit en moins, on peut admettre des richesses moyennes de betteraves variant de 12.5 à 14.5 pour plusieurs années.

Le mode d'extraction est à peu près uniforme et le rendement ne diffère plus pour ainsi dire que suivant la richesse. Des écarts de 2 p. 100 de sucre dans ce rendement sont considérés comme énormes.

XIV. — Variations de la richesse de la canne durant la journée.

(Différentes époques ; même usine)

Résultats de H. Pellet.

Suivant le mode d'approvisionnement, la richesse de la canne varie peu ou beaucoup dans la journée et elle peut également varier subitement d'un moment à l'autre. Cela dépend beaucoup aussi de la quantité de cannes travaillées par heure et, par conséquent, du nombre d'appareils écrasant ou divisant la canne.

On peut avoir par exemple :

Tableau XLV.

	DENSITÉ du jus normal.	
	a	b
Cannes passées de 6 à 7 heures.	1 065.7	1 076.8
— 7 à 8 — .	1 066.5	1 078.7
— 8 à 9 — .	1 067.5	1 077.0
— 9 à 10 — .	1 067.5	1 075.0
— 10 à 11 — .	1 070	1 078.5
— 11 à 12 — .	1 068.0	i 077
— 11 à 1 — .	1 068.5	1 078.5
— 1 à 2 — .	1 069.7	1 079.0
— 2 à 3 — .	1 070	1 078
— 3 à 4 — .	1 068	1 082.7
— 4 à 5 — .	1 068	1 078.5
— 5 à 6 — .	1 069.5	1 080

XV. — Variations de la richesse de la canne travaillée à l'usine.

(Même année ; plusieurs usines.)

1° *Observations de M. Erhmann.*

Coupe 1888-1889 à l'île Maurice. Résultats de plusieurs usines, publiés par E. Ehrmann. En admettant ce travail commencé en octobre, on observe les variations ci-après :

Tableau XLVI.

	RICHESSE DU VESOU variant de	PURETÉ.
Octobre . . .	13.34 à 16.45 p. 100.	83.4 à 93.8 p. 100.
Novembre . .	13.14 à 17.33 —	81.24 à 92.9 —
Décembre . .	11.82 à 18.37 —	81.40 à 95.0 —
Janvier . . .	10.61 à 14.78 —	76.81 à 92.76 —
Février . . .	8.82 à 14.16 —	,[1]

Si l'on suit plusieurs fabrications, on a en effet en général des

---

1. Puretés non indiquées, mais certainement pouvant descendre à 70 et n'atteindre que 85 à 86. (*Bulletin de l'Association des chimistes de sucrerie et de distillerie*, janvier 1890.)

cannes moins riches au début, puis la qualité s'améliore et on constate ensuite une diminution dans la qualité, diminution qui n'est pas
toujours la même. Cela dépend beaucoup de la longueur de la fabrication, de la température, des saisons, etc., puis si la canne a été
atteinte ou non de la gelée, de la maladie.

2° Observations de H. Pellet suivant les années et par semaine.

(Même usine; deux années.)

A titre d'exemple, voici la marche de la richesse de la canne dans
une même usine durant deux fabrications.

Tableau XLVII.

	SUCRE p. 100 gr. de cannes.	
1re semaine . .	11.16	11.75
2e — . .	11.21	11.84
3e — . .	11.54	11.97
4e — . .	11.61	12.10
5e — . .	12.30	12.40
6e — . .	12.07	12.08
7e — . .	12.47	12.35
8e — . .	11.77	12.60
9e — . .	11.72	12.50
10e — . .	11.51	12.36
11e — . .	11.21	12.83
12e — . .	11.20	12.86
13e — . .	11.40	13.20
14e — . .	10.60	14.11
15e — . .	10.50	15.35

3° M. Ew. Budan a donné également la variation de richesse de
la canne durant quatre années à la Guadeloupe, et ce sur un travail
total représentant 350 millions de cannes.

Tableau XLVIII.

	SUCRE calculé p. 100 gr. de jus.
1878	14.07
1879	15.10
1880	16.90
1881	17.40

4° Dans un rapport sur le travail de Ewa Mill[1] (îles Havaï), nous trouvons les résultats suivants pour deux campagnes.

Tableau XLIX.

		BRIX.	POLA-RISATION p. 100 gr.	PURETÉ.	GLUCOSE.	GLUCOSE p. 100 gr. de sucre.	SUCRE p. 100 gr. de cannes.
Vesou normal.	1893-94	21.21	17.40	82.0	1.75	10	15.1
Jus	1894-95	19.2	16.5	86.0	0.93	5.7	15.52
des moulins.	1895-96[2]	18.7	16.19	86.5	0.65	4.0	14.65

On voit qu'il y a peu de variations dans la richesse en sucre p. 100 de cannes, mais une très grande différence dans la pureté et la quantité de glucose pour 100 gr. de saccharose.

Tableau L. — Résultats généraux de quatre campagnes dans une sucrerie de Cuba[3].

	DÉCEMBRE.	JANVIER.	FÉVRIER.	MARS et AVRIL.
Extraction en jus naturel p. 100..	71.50	70.90	70.20	69.80
Baumé à 17°,5 C.	8.06	8.80	9.50	10.50
Brix	14.20	15.50	16.80	18.65
Sucre cristallisable	11.50	13.02	15.09	16.70
Sucre incristallisable	1.45	1.10	0.70	0.65
Pureté	80.99	84.00	89.82	90.04
Quotient incristallisable.	12.60	8.44	4.62	3.88
Acidité par litre	0gr,80	0,70	0,68	0.55
Masse cuite. 1er jet de canne . . .	11.09	13.34	13.40	13.99
Sucre. 1er jet p. 100 de masse cuite.	64.00	65.59	66.40	67.90
Sucre. 1er jet p. 100 de canne. . .	7.10	8.10	8.90	9.50
Sucre. 2e jet p. 100 de canne. . .	0.85	1.10	1.45	1.55
Polarisation du sucre. 1er jet . . .	95.50	96	96.50	97.00
Polarisation du sucre. 2e jet . . .	84.10	86.20	88.50	89.00

1. *Bulletin de l'Association des chimistes*, décembre 1896.

2. *Idem*, numéro de mars 1897.

3. D'après M. Boulanger, *Manuel-agenda des fabricants de sucre et des distillateurs*, 1895. Gallois et Dupont.

XVI. — Variations de richesse en sucre, en glucose, en sels et du quotient de pureté pour une même densité de jus.

Lorsqu'on parcourt les différents ouvrages contenant des analyses de cannes, on est étonné parfois des variations considérables qui existent dans la pureté des jus lorsqu'on compare une même densité de jus. Ainsi, sans faire attention à la nature de la canne ni à son année, mais en prenant des cannes travaillées, nous trouvons des chiffres comme ceux-ci :

Essais de M. P. Bonáme (1895, Maurice).

Tableau LI.

DENSITÉ.	SUCRE p. 100 cc. de jus.	PURETÉ.	GLUCOSE p. 100 gr. de sucre.
1 077	17.73	87.0	3.1
1 077	18.17	89.2	3.1
1 077	18.46	90.6	3.6
1 072	16.93	89.1	5.0
1 076	17.90	89.1	0.9
1 077	18.17	89.2	3.1
1 079	18.74	89.6	3.9

Tableau LII.

DENSITÉS.	MAURICE.			ÉGYPTE.		
	1. Sucre p. 100 gr. de cannes.	2. Glucose p. 100 gr. de sucre.	3. Pureté.	1. Sucre p. 100 gr. de cannes.	2. Glucose p. 100 gr. de sucre.	3. Pureté.
1 066	11.58	2.9	84.6	12.0	6.2	83.4
1 066	12.02	3.4	87.7	12.4	4.5	86.5
1 066	10.82	1.5	78.8	11.8	8.5	82
1 071	13.38	0.9	91	13.9	2.6	90
1 071	12.73	5.6	86	12.8	4.5	84.3
1 071	12.91	4.5	87.8	12.2	7.9	80.0
1 080	14.98	0.9	91.0	14.8	3.4	86.3
1 080	15.17	0.6	92.1	15.7	1.2	91.4

Ces résultats ne donnent absolument aucune moyenne, ce sont

des chiffres pris au hasard, mais qui démontrent que pour une même densité on peut obtenir des richesses variables et des puretés très différentes, la canne étant reçue à la fabrique.

Naturellement, il faudrait être certain que les éléments de calcul de la richesse des cannes soient exactement les mêmes partout et que les instruments soient identiques, c'est ce que nous ne savons pas.

Nous dirons même plus : nous croyons que le mode de calcul de la richesse de la canne pour 100 gr. est variable suivant les localités et qu'il y aurait lieu de s'entendre à ce sujet.

Au point de vue de la comparaison, elle devrait toujours être faite sur le jus obtenu de la canne au moyen des moulins de fabrique ou de laboratoire donnant au moins 60 à 65 p. 100 de jus. Alors, de la richesse du jus de la canne on adopterait un coefficient pour passer à la richesse de la canne qui serait uniforme, soit 84, comme cela est adopté à Maurice, soit 85. Nous reparlerons de cette question dans un chapitre spécial.

Il faut encore distinguer les cannes venues complètement par irrigation et les cannes récoltées dans les pays où l'humidité n'est fournie que par les pluies naturelles.

Même pendant la récolte, si on analyse des cannes après une forte pluie ou un arrosage, on constate des différences sensibles dans la qualité du jus pour une même variation, c'est pourquoi l'étude des variétés de cannes présente tant de difficultés pour arriver à déterminer les quelques espèces qui devraient être plantées de préférence à d'autres ; aussi nous ne saurions trop recommander la prudence à ceux de nos collègues qui entreprennent de semblables recherches.

Si nous passons à la quantité de sels, elle est également variable pour une même densité dans divers pays.

A la Réunion, M. Delteil a donné la quantité de cendres pour 13 variétés de cannes allant de 0.47 à 0.90 p. 100 kilogr. de cannes. Ces chiffres sont en effet assez élevés pour certaines variétés.

A la Guadeloupe, M. P. Bonâme n'a trouvé que 0.30 à 0.45.

Dans d'autres contrées, on n'a constaté que 0.25 à 0.35 de cendres p. 100 de cannes.

Nous croyons que ces différences tiennent d'abord à la variété, ensuite à la richesse des qualités analysées et enfin suivant le mode de culture ou plutôt suivant la manière dont l'eau est distribuée. Si l'eau est donnée par irrigation, nous sommes porté à croire que la canne contiendra plus de sels que la canne venue sur un terrain où l'humidité est fournie par l'eau naturelle pour la plus grande partie.

TROISIÈME PARTIE

ÉTUDES SUR LA QUALITÉ DES DIFFÉRENTES VARIÉTÉS DE CANNES

Les variétés de cannes cultivées dans le monde entier sont considérables. Néanmoins, dans chaque région sucrière on parvient peu à peu à éliminer certaines variétés pour n'en conserver que quelques-unes représentant la presque totalité de la plantation.

C'est ainsi qu'à la Réunion, par exemple, M. Delteil nous dit qu'on cultive plus spécialement 6 variétés désignées sous le nom de Tamarin, Bois rouge, Blonde, Poudre d'or, Pinang, Mapou striée et Guinghan.

D'après M. P. Bonâme, ce sont principalement les variétés désignées sous le nom de Otaïti, Violette et Salangose qui sont cultivées; à Maurice on cultive un grand nombre de variétés de cannes, surtout pour l'étude des meilleures à conserver, mais la plupart des plantations ne se font également qu'avec quelques variétés : Bambou, Guinghan, Bellouguet, Otaïti, Pinang, Diard.

Dans d'autres pays on se contente de deux ou trois variétés qui n'ont plus de noms même, et qu'on désigne seulement sous le nom de cannes rouges, blanches, rubanées ou mouchetées.

Mais comment déterminer la valeur exacte de telle ou telle variété tant sous le rapport de la qualité que sous celui du rendement? Ce sont là des questions excessivement difficiles à résoudre.

Il est parfaitement certain que, s'il s'agit de champs d'expériences de petite surface, on peut parvenir à une certaine approximation pour la qualité saccharine, mais lorsque les essais portent sur des étendues de terrain assez considérables, les résultats sont absolument incertains.

Tous ceux qui se sont occupés de cette question sont d'accord pour dire comme M. P. Bonâme que les résultats obtenus sur les échantillons analysés au laboratoire ne correspondent pas toujours avec les analyses effectuées sur le jus, récolté pendant l'écrasement de 800 à 900 kilogr., comme correspondant à la même variété de cannes.

Relativement au rendement en poids, la question n'est plus la même. Il suffit de savoir exactement quels sont les wagons, voitures, barques ou charges diverses correspondant à une parcelle ou à un champ entier de n'importe quelle surface pour obtenir un rendement en poids exact.

Ce rendement en poids ne doit pas s'établir sur le poids moyen calculé sur les cannes analysées, car une légère différence sur l'échantillonnage moyen, sans influence sensible sur la richesse, correspond à une différence de rendement de 5 000 à 10 000 kilogr. à l'hectare suivant le nombre de pieds, et la récolte totale.

En outre, il faut poursuivre les essais de chaque variété pendant plusieurs années, afin de s'assurer que la qualité bonne ou mauvaise se maintient, et examiner leur résistance dans différentes conditions de végétation, etc.

Il est, en effet, très intéressant de suivre plusieurs variétés dans les mêmes conditions de culture.

Pour ne pas allonger ce travail, parlons seulement des plus récents essais de M. P. Bonâme, à Maurice, qui a constaté que la canne désignée sous le nom de Tamarin avait fourni en canne de 1re et 2e année des richesses moyennes de 17.41 p. 100 gr. de cannes, alors que la canne appelée Port-Mac-Kay n'avait fourni que 10.98 (essais de 28 variétés).

Lorsqu'on compare le rendement en poids, on arrive également à constater des différences considérables.

Dans une série d'essais de 20 variétés de cannes, M. P. Bonâme a donné les rendements des poids à l'arpent.

		RICHESSE p. 100 gr. de cannes[1].	SUCRE total à l'hectare.
Maximum . .	61 980 kilogr.	16.43	8 772
Minimum . .	10 080 —	9.45	1 283

Dans le même tableau, on voit également des cannes correspondant à un même rendement en sucre total à l'arpent avec des richesses très variables.

Exemple :

	RICHESSE p. 100 gr. de cannes.	SUCRE total à l'arpent.	POIDS à l'arpent.
Variété Big-Tanna . . .	12.09	5 067	41 910
— Iscambiné rayé . .	14.40	5 090	35 350
— Fotioge	16.43	5 034	30 610

Il est parfaitement évident qu'au point de vue du fabricant, c'est la canne Fotioge qui devra être préférée. Mais, si l'achat est fait au poids, le cultivateur préférera certainement la variété Big-Tanna.

On voit que nous touchons là une question très importante : l'achat de la canne à la richesse, déjà demandée par plusieurs de nos collègues (Saillard, etc.). Cette question, il est probable, sera résolue un jour, comme elle l'a été dans plusieurs pays sucriers cultivant la betterave. Mais elle paraît moins simple à résoudre pour la canne, précisément soit à cause de l'échantillonnage, soit à cause des méthodes à employer pour l'analyse (densité du jus, analyse directe, valeur réelle ou proportionnelle).

Mais enfin, les difficultés ne nous paraissent pas insurmontables. Il faut néanmoins étudier cette question pendant plusieurs années dans différentes conditions afin de ne présenter et ne faire adopter, si possible, qu'une méthode évitant les discussions entre acheteur et vendeur et s'appliquant à tous les cas.

---

1. Maximum et minimum constatés, mais pouvant ne pas correspondre aux maximum et minimum en poids.

L'étude des variétés de cannes doit aussi se faire non pas sur un même terrain, mais sur des terrains variés, car les résultats sont parfois différents et la variété préférable pour telle nature de terrain, ne fournira que des rendements médiocres dans tel autre sol.

Aussi est-il fort difficile de dire souvent si la canne de telle variété est meilleure que la canne de telle autre variété. Autant de consultations à cet égard, autant de réponses différentes.

Alors on procède à quelques analyses, afin d'avoir une opinion, mais ces essais isolés ne donnent pas toujours l'expression de la vérité. Pour obtenir un résultat à peu près certain, il faut répéter les essais, puis les renouveler plusieurs années, dans différentes contrées, opérer sur un nombre de cannes assez élévé, et enfin choisir les cannes de variétés différentes, récoltées absolument dans le même sol et ayant subi exactement les mêmes traitements durant la végétation et enfin prélevées au même endroit sur le terrain.

Nous donnerons dans un chapitre spécial les explications nécessaires à ce sujet.

Puis, lorsque les cannes sont ainsi récoltées, il faut bien prendre, pour l'analyse, des cannes différentes de chaque variété comme poids, longueur, diamètre, hauteur des entre-nœuds, mais choisir dans la variété à comparer avec la première des sujets correspondants.

Voici, par exemple, les variétés A et B. Elles ont donné dans trois endroits différents les résultats ci-après :

Tableau LIII.

	DENSITÉ.	SUCRE p. 100 cc.	GLUCOSE		PURETÉ.
			p. 100 cc. de jus.	p. 100 gr. de sucre.	
	1 072	17.0	0.38	2.2	89.2
Variété A.	1 076	17.5	0.56	3.2	88.6
	1 067	14.6	0.63	4.3	81.9
	1 072	16.7	0.56	3.3	87.6
Variété B.	1 065	14.1	1.08	7.7	82.7
	1 062	13.0	1.28	9.9	78.2

Faut-il conclure de là que la variété B est moins bonne que la variété A? Évidemment non. Voici pourquoi. C'est que si, dans des conditions de culture absolument semblables on prend les 2 variétés, on a les résultats ci-après :

Tableau LIV. — Décembre 1895.

(3 champs situés à 40 ou 50 kilomètres les uns des autres.)

		DENSITÉ du jus.	SUCRE p. 100 cc.	GLUCOSE		PURETÉ.
				p. 100 cc. de jus.	p. 100 gr. de sucre.	
1.	A. .	1 069.0	15.49	0.82	5.29	˙85.20
	B. .	1 070.0	15.92	0.67	4.20	85.8
2.	A. .	1 073.0	17.05	0.47	2.7	88.8
	B. .	1 071.5	16.74	0.67	3.0	88.8
3.	A. .	1 079.0	19.20	0.30	1.5	91.2
	B. .	1 079.5	19.36	0.24	1.2	91.9

Moyennes.

		DENSITÉ.	SUCRE p. 100 cc. de jus.	GLUCOSE		SUCRE p. 100 gr. de cannes. (coeff. 88).	PURETÉ.
				p. 100 cc. de jus.	p. 100 gr. de sucre.		
Variétés	A. .	1 073.6	17.25	0.53	3.07	14.13	88.2
	B. .	1 073.6	17.34	0.521	3.03	14.21	88.6

Tableau LV. — 1896-1897.

(Même usine ; moyenne de cinq analyses comparatives des deux mêmes variétés.)

		DENSITÉ.	SUCRE p. 100 cc. de jus.	GLUCOSE p. 100 gr. de sucre.	SUCRE p. 100 gr. de cannes.	PURETÉ.
Variétés	A. . .	1 070.2	16.10	3.76	12.98	88.48
	B. . .	1 071.0	16.27	4.06	13.04	88.14

Tableau LVI. — 1896-1897.

(Autre usine située à 500 kilomètres de la première ; moyenne de plusieurs essais.)

		DENSITÉ du jus.	SUCRE p. 100 cc. de jus.	GLUCOSE		SUCRE p. 100 gr. de cannes.	PURETÉ du jus.
				p. 100 cc. de jus.	p. 100 gr. de sucre.		
Variétés	A. .	1 079	18.96	0.37	2.0	15.08	91.4
	B. .	1 078	18.82	0.26	1.40	14.99	92.9

Si on fait la moyenne générale, on arrive aux résultats ci-après :

Tableau LVII.

		SUCRE p. 100 gr. de cannes.	GLUCOSE p. 100 gr. de sucre.	PURETÉ du jus.	VALEUR propor- tionnelle.
Variétés	A. . . .	13.97	2.67	89.36	12.48
	B. . . .	13.96	2.66	89.53	12.51

Donc ces deux variétés, au point de vue de leur qualité saccharine pour des cannes semblables, ont absolument la même valeur, lorsqu'elles sont cultivées d'une façon identique.

Mais la pratique alors doit démontrer si dans un champ la variété A donne autant de rendement que la variété B, et si la richesse moyenne du champ est la même pour les deux variétés. Car les expériences ci-dessus ne démontrent qu'une chose, intéressante, il est vrai, c'est que des cannes des variétés A et B, ayant sensiblement le même aspect, la même longueur et la même grosseur, le même nombre d'entre-nœuds et un poids moyen analogue, ont la même richesse récoltées sur le même terrain et venues dans des conditions analogues. Mais cela ne veut pas dire que dans le champ de la variété A, il y aura autant de cannes semblables, une à une, aux cannes du champ B.

Par exemple, prenons l'essai n° 2, où l'on trouve la canne variété A à 12.98 de sucre p. 100 de cannes, B à 13.04 de sucre, le poids moyen étant de $1^{kg},100$ environ par canne.

A la récolte, on peut constater que le champ A ne renferme que 40 p. 100 de cannes analogues et que les 60 p. 100 restants sont composés de 40 p. 100 de cannes ayant seulement en moyenne 12 p. 100 de sucre et 20 p. 100 de cannes plus riches, ayant 15 p. 100, soit une moyenne générale de 13 p. 100 de sucre.

La variété B peut donner :

50 p. 100 de cannes à 13 p. 100 ;
30 p. 100   —   à 14 p. 100 ;
10 p. 100   —   à 15 p. 100 ;
10 p. 100   —   à 12 p. 100 ;
La moyenne s'élèvera à 13.4 p. 100.

Des différences dans le même sens ou en sens inverse peuvent être observées au point de vue du poids. C'est pourquoi on doit chercher le moyen d'obtenir la richesse moyenne d'un champ de cannes, le poids étant facile à contrôler comme il a été dit.

Alors de tels renseignements, obtenus en diverses parties d'un pays, et durant quelques années, peuvent seuls permettre de voir que telle qualité est préférable à telle autre, ou que telle variété est à recommander pour tel terrain plutôt que telle autre variété qui convient mieux à un sol différent, leur résistance à la maladie, aux intempéries, l'époque de leur maturité, etc.

Si on n'a pas procédé de cette manière, ce qui est le cas le plus général, on ne peut avoir aucune confiance dans les avis, du reste souvent très partagés, des cultivateurs eux-mêmes. Des opinions dont on ignore absolument le point de départ finissent par être admises sans contrôle et on est tout étonné de constater qu'elles n'ont parfois absolument rien de fondé.

Nous n'avons parlé ici que des cannes plantées. Or, on sait que maintenant il existe la canne dite de graine, et dont la culture a été essayée dans diverses stations expérimentales. M. P. Bonâme, de son côté, en a semé et les analyses qui ont été faites à Maurice démontrent que les cannes récoltées sont de qualité très variable, comme les cannes plantées.

Voici quelques comparaisons :

Tableau LVIII.

	5 SEPTEMBRE 1895.			7 OCTOBRE 1895.			NOVEMBRE 1895.			DÉCEMBRE. 1895.			MOYENNE Sucre p. 100 gr. de cannes.	RENDEMENT à l'arpent	
	1.	2.	3.	1.	2.	3.	1.	2.	3.	1.	2.	3.		en poids.	en sucre.
	Sucre p. 100 gr. de cannes.	Pureté du jus.	Glucose p. 100 gr. de sucre.	Sucre p. 100 gr. de cannes.	Pureté du jus.	Glucose p. 100 gr. de sucre	Sucre p. 100 gr. de cannes.	Pureté du jus.	Glucose p. 100 gr. de sucre.	Sucre p. 100 gr. de cannes.	Pureté du jus.	Glucose p. 100 gr. de sucre.			
														Kilogr.	
Cannes de graines . .	6.8	85.3	2.7	8.7	93.7	0.4	7.5	89.0	1.2	7.0	87.5	1.7	14.75	32 260	4 077
Autres (Maximum .	7.7	91.4	0.8	8.3	93.7	19.4	8.6	91.5	15.9	8.7	93.0	21.6	17.41	61 980	8 772
cannes. (Minimum .	5.5	67.6	28.8	6.4	70.6	0.9	6.1	79.1	0.3	6.0	75.5	0.4	10.98	10 080	1 283

Maintenant, il est très bien prouvé qu'il existe de la graine de cannes. Aussi, peut-on parfaitement admettre tout ce qui a été dit par certains auteurs sur la culture de la canne et sa croissance spontanée en divers pays.

Dans une introduction historique relative à la fabrication du sucre[1], nous trouvons en effet que la canne croît spontanément sur les bords de l'Euphrate. François Ximenès dit, dans son *Traité des plantes de l'Amérique,* que la canne à sucre vient naturellement sur les bords de la rivière de la Plata.

En 1556, paraît-il, on trouva également la canne sur les bords de la rivière Janeiro, et dans des endroits où les Portugais n'avaient pas encore pénétré.

Puis, divers voyageurs rencontrent aussi la canne à sucre à l'état sauvage dans les contrées voisines de l'embouchure du Mississipi, à l'île Saint-Vincent.

Il y a évidemment un très grand intérêt à connaître les meilleures qualités de cannes à planter pour tel pays, car les différences peuvent être considérables tant au point de vue de la richesse que du rendement en poids et du sucre total produit à l'hectare. Pour citer des expériences récentes à ce sujet, nous emprunterons à un article publié dans la *Sucrerie indigène,* du 14 septembre 1897, deux tableaux concernant les rendements en poids de 10 variétés de cannes, avec les richesses correspondantes. On verra que la quantité de sucre à l'hectare peut varier de 7588 à 12150 kilogr. à l'hectare. (Résultats extraits de la gazette officielle, *la Barbade,* 19 juillet 1897.)

---

1. *Manuel Rorel,* par F.-S. Zoega. 1868.

TABLEAUX

Essais dans les jardins botaniques de Demerara.

Tableau LIX.

DÉSIGNATION des variétés.	KILOGR. de cannes à l'hectare.
Seedling [1], 145	77 000
Seedling, 147.	70 200
Burke.	67 771
Seedling, 149.	65 261
Seedling, 115.	59 460
Queensland créole	58 986
Caledonian queen	55 221
Bourbon.	54 200
Seedling, 7.	54 000
White transparent	51 000

Tableau LX.

RICHESSE.	SUCRE p. 100 gr. de jus.	SUCRE p. 100 kg de cannes. (coeff. 88).	SUCRE total produit à l'hectare.
Caledonian queen. . . .	18.30	16.10	8 890
Queesland créole	18.11	15.93	9 396
Seedling, 115	18.08	15.90	9 454
White transparent. . . .	18.05	15.87	8 093
Seedling, 145	17.96	15.77	12 150
Seedling, 7	17.65	15.52	8 426
Seedling, 147	16.75	14.74	10 290
Burke.	16.66	14.66	9 935
Bourbon	15.91	14.00	7 588

Des expériences ont été également entreprises au Brésil depuis plusieurs années et il a été constaté, suivant les variétés de cannes, des rendements de 25 000 à 115 000 kilogr. à l'hectare et des richesses allant de 11 à 17 pour 100 gr. de cannes.

---

1. Seedling ou cannes de graines.

QUATRIÈME PARTIE

SUR LE DOSAGE DIRECT ET INDIRECT
DU SUCRE CRISTALLISABLE ET DU SUCRE INCRISTALLISABLE
DANS LA CANNE A SUCRE

———

Dans une étude spéciale, intitulée : *le Dosage du sucre cristallisable dans la betterave*, nous avons donné la description des 20 procédés employés, depuis 1747 jusqu'en 1886, pour le dosage direct ou indirect du sucre dans la betterave, sans assurer que la liste était complète.

Nous n'avons nullement l'intention de les résumer et nous renvoyons le lecteur que cela peut intéresser à notre travail paru dans les *Annales de la Science agronomique française et étrangère* (tome Ier, 1892), sous la direction de M. L. Grandeau[1].

Quelques-uns de ces procédés peuvent être appliqués au dosage du sucre dans la canne, mais nous en parlerons au fur et à mesure que nous décrirons les différentes méthodes directes ou indirectes et les procédés basés sur l'emploi de l'eau ou de l'alcool par digestion ou par extraction.

Depuis 1886, de grands progrès ont été réalisés dans les méthodes employées pour le dosage direct du sucre contenu dans la betterave.

Pour ne pas trop nous étendre et pour comparer en outre l'analyse de la betterave à celle de la canne, nous suivrons le même ordre que celui que nous avons suivi dans la troisième partie de notre travail relatif au dosage direct du sucre dans la betterave.

———

1. Brochure tirée à part de 164 pages.

**I. — Des différents procédés qui peuvent être appliqués à
l'analyse de la canne pour le dosage direct du sucre cristallisable qu'elle renferme.**

On peut résumer ainsi les divers procédés :
Procédés chimiques ;
Procédés physiques (polarimétriques).

a) PROCÉDÉS CHIMIQUES

Les procédés chimiques reposent principalement sur le dosage du
sucre cristallisable (transformé en sucre inverti), au moyen de la
liqueur de Fehling ou de Violette. Ils ne sont plus employés pour
ainsi dire lorsqu'il s'agit de l'analyse directe de la betterave ou de
la canne, et ils sont réservés seulement au dosage du sucre inverti.
Nous aurons donc à en parler lorsque nous traiterons de la question
du dosage des sucres réducteurs contenus dans la canne à sucre.

b) PROCÉDÉS PHYSIQUES (POLARIMÉTRIQUES)

Les procédés physiques (polarimétriques) sont basés sur l'emploi
du saccharimètre pour la détermination directe du sucre. Ils peuvent être divisés en deux groupes.
1er groupe A. *Procédés à l'alcool.*
2e   —   B. *Procédés à l'eau.*

A. Les *procédés à l'alcool* connus pour la betterave sont les suivants :
1° Extraction alcoolique (Riffard-Scheibler) ;
2° Digestion alcoolique à froid (Stammer) ;
3° Digestion alcoolique à chaud (Degener, Rapp-Degener, etc.).

B. Les *procédés à l'eau* également connus pour la betterave sont
les suivants :
1° Extraction aqueuse à froid (Pellet) ;

2° Extraction aqueuse à chaud (Pellet) ;

3° Extraction aqueuse à chaud (Delville) ;

4° Extraction aqueuse à chaud (Vivien-Castels) ;

5° Extraction par épuisements successifs à chaud (divers) ;

6° et 7° Digestion aqueuse à chaud (Pellet-Wiley) [bain-marie] ;

8° Digestion aqueuse avec eau chaude (divers);

9° et 10° Diffusion instantanée aqueuse à froid (modification Kaiser-Leuwenberg).

Nous allons passer maintenant rapidement en revue ces diverses méthodes, en indiquant si actuellement elles sont applicables au dosage direct du sucre dans la canne à sucre.

A. — *Procédés à l'alcool.*

1° *Procédé Riffard.* — *Scheibler* (Extraction alcoolique).

Ce procédé est parfaitement applicable au dosage direct du sucre dans la canne à sucre.

Nous ne décrirons pas le procédé Scheibler bien connu, soit à l'aide de son extracteur, soit à l'aide de tous les extracteurs imaginés pour l'analyse de la betterave (Sohxlet, Kunter, Pellet, etc.). Relativement au procédé Riffard, nous renverrons le lecteur à notre travail (brochure, p. 14), ou mieux en remontant à la source de nos renseignements, c'est-à-dire dans la magnifique *Étude historique, chimique et industrielle des produits d'analyse des matières sucrées;* 1 volume, p. 405 et suivantes (1884), par H. Leplay.

Le procédé Riffard est basé sur l'emploi de l'alcool pour extraire le sucre de la matière divisée, et en utilisant les appareils dits extracteurs, genre Payen.

2° *Digestion alcoolique à froid.*

La digestion alcoolique à froid indiquée par Stammer n'est applicable dans certaines conditions qu'à l'analyse de la betterave.

Ce procédé exige une pulpe véritablement à l'état de crème, c'est-à-dire excessivement fine. Déjà pour la betterave, cette divi-

sion extrême présente de grandes difficultés, surtout pour éviter la
dessiccation de la matière et ensuite pour obtenir un poids notable
de substance à l'état convenable pour le procédé.

Mais lorsqu'il s'agit de la canne, nous croyons devoir dire que,
jusqu'à présent, on n'est pas parvenu à la réduire à l'état de pulpe
analysable par la méthode alcoolique à froid de Stammer.

3° *Digestion alcoolique à chaud.*

La digestion alcoolique à chaud est parfaitement applicable à
l'analyse de la canne. Seulement, comme le sucre est beaucoup
moins rapidement soluble dans l'alcool que dans l'eau et que la
division de la canne présente plus de difficultés que celle de la betterave, il s'ensuit que les résultats fournis par la digestion alcoolique de la canne sont beaucoup plus incertains que lorsqu'elle est
appliquée au dosage direct du sucre dans la betterave.

Avant de passer en revue les *Procédés aqueux,* examinons et ré-
sumons les essais qui ont été faits pour le dosage direct du sucre
dans la canne, soit par extraction, soit par digestion alcoolique.

Le dosage direct du sucre dans la canne par extraction alcoolique
a été étudié dans plusieurs laboratoires, mais c'est principalement
dans le laboratoire de Kagok-Tegal, à Java, que cette méthode a été
expérimentée, comparativement avec d'autres procédés par digestion alcoolique ou par digestion aqueuse.

Nous extrayons les renseignements ci-après de l'ouvrage du
Dr Krüger, intitulé : *Berichte der Versuchsstationen für Zuckerrohr in West-Java, Kagok-Tegal* (Java), Heft I.

On découpe la canne au moyen d'un coupe-cannes à cinq couteaux,
et on obtient des rondelles d'un millimètre d'épaisseur, qu'on divise
ensuite à la main en morceaux de 3 à 4 millimètres de grandeur.
(Nous préférons pour cela le mortier.) On peut préparer ainsi quelques kilos de cossettes en 10 minutes, et on évite sensiblement l'é-
vaporation. (Nous ne le pensons pas, malgré ce que dit l'auteur,
qu'après une demi-heure à l'air libre le dosage ait été de 16.20 au
lieu de 16.44 avant.)

L'auteur s'est servi de telles cossettes pour l'analyse par l'alcool

Il a toujours employé l'alcool *absolu du commerce*. Durée de l'extraction : deux heures.

L'auteur a eu sur un même échantillon :

Tableau LXI.

	1.	2.	3.
Extraction alcoolique (2 heures).	17.5	16.5	14.3
Digestion alcoolique —	16.7	15.7	13.0

La digestion alcoolique donne un résultat trop bas.

En prolongeant la digestion durant trois heures, on obtient des chiffres qui se rapprochent de l'extraction alcoolique, les légères différences pouvant provenir de l'échantillon même :

Extraction alcoolique.	18.4	16.9	14.5	15.2	17.2	15.9
Digestion alcoolique .	18.5	16.9	14.5	15.2	17.8	16.2

L'auteur a remarqué que la digestion pouvait se faire aussi bien à l'*eau* qu'à l'*alcool;* que c'était plus simple, plus rapide, plus exact, puisqu'on pouvait prendre plus de matière à analyser, la digestion se faisant au bain-marie bouillant durant une heure. Mais M. H. Winter ne veut pas abandonner tout à fait l'alcool. Il en met pour baigner les cossettes, ce qui agit comme antiseptique, dit-il, puis il met de l'eau aux trois quarts du ballon, fait la digestion aqueuse pour ainsi dire, et complète le ballon avec de l'alcool. On voit que dans les trois cas la richesse du liquide en alcool est bien différente, et on peut admettre que la deuxième est une digestion aqueuse.

Or, les résultats sont très concordants par les trois méthodes :

Tableau LXII.

	1.	2.	3.	4.	5.	6.
Extraction alcoolique.	16.5	14.3	15.4	16.9	14.5	15.2
Digestion aqueuse . .	16.6	14.8	15.5	16.9	14.5	15.1 [1]
Digestion alcoolique .	18.5	16.9	17.8	14.5	16.2	15.2 [1]
Digestion aqueuse . .	18.5	16.9	17.8	14.5	16.3	15.2 [1]

---

1. Cependant ces chiffres seraient un peu forts par rapport à l'extraction alcoolique, la correction de l'erreur due à la présence du marc n'ayant pas été faite. L'auteur a trouvé qu'il y aurait à multiplier par 0.98, ce qui donnerait un résultat général de 0.30 environ *en moins* par les digestions que par l'extraction alcoolique (?).

L'auteur paraît en effet, par la suite, préférer la méthode par digestion aqueuse à chaud et nous en reparlerons.

Expériences du Dr Wiley sur le dosage direct du sucre dans la canne au moyen de l'alcool.

M. Wiley, chimiste en chef au département de l'agriculture à
Washington, a publié dans le *Bulletin de l'Association des chimistes
de sucrerie et de distillerie de France* (numéro de juin 1884, p. 154,
tome II), une note très intéressante sur le dosage direct du sucre
dans la canne.

Il a étudié l'épuisement à l'eau, l'épuisement à l'alcool et la digestion aqueuse à chaud. Nous donnerons dès maintenant les résultats
qu'il a obtenus par l'emploi de l'alcool. M. Wiley a essayé :

1° L'épuisement de la rondelle de canne plus ou moins divisée par
cinq ébullitions successives ayant une durée de 20 minutes, et en
employant à chaque traitement un volume sensiblement égal à celui
de la matière ;

2° Même série, mais en opérant dix traitements successifs ;

3° Même série, mais en laissant les rondelles en ébullition au contact de l'alcool durant une heure.

Les résultats ont été détestables dans tous les cas, et en général
il y a eu 1.66 de saccharose en moins que la quantité calculée d'après
l'analyse indirecte, différence bien supérieure à celle constatée par
l'application de la digestion aqueuse à chaud.

L'emploi de l'alcool pour l'analyse de la canne amène également
d'autres inconvénients, si bien que M. Wiley n'est nullement parti-
san de son emploi, au contraire.

Traitement par l'alcool (digestion et épuisement).

Série V. — On a opéré comme avec l'eau, c'est-à-dire par
cinq ébullitions successives, puis par dix, et ensuite on a mis
bouillir les rondelles dans cinq fois leur volume d'alcool, durant
une heure.

On a constaté une différence de 1.66 p. 100 de saccharose.

Résultats moyens. — L'alcool amène également d'autres inconvénients, ce qui a fait complètement rejeter l'emploi de ce véhicule pour l'extraction du sucre des cossettes de cannes, au moins dans le laboratoire de Washington. Nous verrons d'autres essais à Java, tendant aux mêmes conclusions.

Comme nous avons vu que, dans le laboratoire d'essais de Java, on a reconnu que l'extraction alcoolique bien employée donne exactement les mêmes résultats que les méthodes aqueuses, qu'en outre la digestion alcoolique peut fournir des résultats inférieurs à ces deux procédés, que l'extraction alcoolique exige une longue durée pour être certain de l'épuisement et enfin que ce procédé ne permet que quelques dosages dans une journée et réclame une surveillance incessante, nous pouvons conclure que, pour le *dosage direct du sucre cristallisable dans la canne à sucre*, L'ALCOOL DOIT ÊTRE COMPLÈTEMENT REJETÉ. (Même conclusion que pour l'analyse de la betterave.)

B. — *Procédés à l'eau.*

1° *Extraction aqueuse à froid.*

Ce procédé est applicable à la betterave, à la condition d'avoir une pulpe suffisamment fine et analysable à froid par diffusion instantanée. Alors, au lieu de mettre le poids normal de pulpe avec de l'eau jusqu'à un volume déterminé, on place ce poids normal de pulpe dans un extracteur (Pellet ou autres) et on l'épuise au moyen d'un courant d'eau dont l'écoulement est réglé de telle sorte que le volume de 200 centimètres cubes soit obtenu en 10, 15 ou 20 minutes.

Mais, avec la canne, ce procédé n'est pas utilisable, parce qu'il n'existe pas encore d'appareils permettant d'effectuer la division nécessaire de la canne pour l'application générale des procédés dits à froid, quoiqu'on ait parlé d'avoir de la crème de cannes.

2° *Extraction aqueuse à chaud* (Pellet).

C'est le même procédé que le précédent, mais en employant l'eau chaude.

Cependant, même avec l'eau chaude, cette méthode peut laisser à désirer, suivant la division de canne, division qui, comme nous le verrons, joue un très grand rôle.

Aussi l'extraction aqueuse du sucre à chaud d'un poids de $16^{gr},20$ à $26^{gr},048$, dans un volume de 100 à 200 centimètres cubes, même en prolongeant la durée du contact, n'est-elle pas à conseiller, pas plus au point de vue scientifique qu'au point de vue pratique.

3° *Extraction aqueuse à chaud* (Delville).

Mêmes observations que pour les procédés précédents.

4° *Extraction aqueuse à chaud* (Vivien-Castels).

On met 100 gr. de matière divisée dans un tube spécial disposé comme un extracteur. On remplit le tout d'eau chaude (80° à 85°) et on laisse en contact trois minutes. Au-dessous, se trouve un ballon d'un litre. On reçoit le liquide chargé de sucre, on recommence et on opère ainsi 7, 8 ou 10 fois jusqu'à ce que le litre soit à peu près rempli; on complète avec un peu de sous-acétate de plomb et, après agitation, on filtre et on polarise. On calcule le sucre pour 100 grammes de cannes.

Ce procédé réclame également une pulpe très divisée et nous doutons que les appareils connus actuellement pour réduire la canne en fins filaments puissent fournir la matière dans un état suffisant de division pour appliquer sans crainte la méthode de M. Vivien.

On peut mettre dans cette catégorie le procédé indiqué par M. O. Castels, publié dans le *Bulletin de la Société des anciens élèves de Gembloux*, 1896.

Voici en quoi consiste ce procédé :

On dispose un réservoir d'eau bouillante dans lequel on prélève l'eau bouillante pour le lessivage d'un poids donné de pulpe. Cette eau arrive par siphon ou des tubulures inférieures à l'extrémité desquelles on a placé soit des pinces de Mohr, soit des robinets réglables à l'effet d'avoir un jet fin et puissant.

L'eau est amenée sur la pulpe de canne (50 gr.), placée dans un tamis reposant sur un entonnoir mis sur un ballon de 2 litres.

L'eau, traversant la couche plus ou moins épaisse, enlève le sucre et, suivant la vitesse avec laquelle on a rempli le ballon de 2 litres contenant toujours 5 à 6 centimètres cubes de sous-acétate de plomb, la matière est épuisée totalement ou renferme encore un peu de sucre. Tout cela dépend de la division de la matière. Aussitôt qu'il y a des parties grossières, l'épuisement est incertain pour l'un ou l'autre de ces procédés, à moins de procéder par épuisements séparés et avec des volumes de moins en moins grands et d'analyser tous les liquides pour être certain de l'épuisement complet, ce qui est toujours douteux. Un liquide ayant passé à travers une couche de cossettes de cannes divisées peut ne pas contenir de sucre, alors qu'il en reste dans la masse, ce que nous avons vérifié. Cela tient à ce que le sucre facilement enlevable a été entraîné dans les premières eaux de lavage, tandis que le sucre situé au centre des filaments plus ou moins épais ne peut être enlevé qu'avec le temps. C'est alors que le sucre peut être rendu visible en opérant une digestion, ou en exerçant une forte pression sur le marc supposé épuisé. On retrouve du sucre dans le liquide extrait. (Correspondant à 0.1 ou 0.2 pour 100 gr. de cannes.)

5° *Extraction par épuisements successifs à chaud* (Divers).

Ce système a été essayé par divers chimistes et même appliqué couramment dans certaines usines.

Voici d'abord les expériences de M. Wiley.

Dosage direct du sucre dans la canne (procédé du Dr Wiley). — Nous trouvons dans le *Bulletin de l'Association des chimistes de sucrerie et de distillerie de France et des colonies* du mois de juin 1884 (page 154, n° 6, tome II) quelques détails relatifs aux essais faits par le Dr Wiley, chimiste en chef du département de l'agriculture à Washington, pour la détermination directe du sucre dans la canne à sucre, dans le sorgho et dans les bagasses.

M. Wiley a étudié diverses méthodes et voici comment il a conduit ses expériences, ainsi que les bases admises pour les calculs.

On a admis : 1° que la canne à sucre contenait 92 p. 100 environ de jus, soit 8 p. 100 de marc (cannes de la Louisiane);

2° Que le sorgho ne contenait au contraire que 89 p. 100 de jus et 11 p. 100 de marc.

3° Pour l'analyse des jus, on s'est servi d'un petit moulin agissant sur des rondelles obtenues par le passage de 25 à 50 kilogr. de cannes à analyser dans un coupe-cannes ordinaire.

4° La quantité de jus obtenue a été environ de 64 p. 100.

5° Poids variable de cossettes, mais généralement en les traitant par 5 ou 10 fois leur poids d'eau dans différentes conditions.

Durant l'opération, addition d'eau pour maintenir le volume. *Après refroidissement, le contenu du ballon jaugé est complété à un volume ou à un poids donné et soumis à l'examen.*

M. Wiley a essayé ensuite pour chaque série trois méthodes :

a) La méthode optique;

b) La méthode cuprique (Fehling);

c) La méthode au permanganate de potasse. Cette méthode consiste à dissoudre l'oxydule de cuivre au moyen d'alun ferrico-ammoniacal et à déterminer le sulfate ferreux produit par une solution titrée de permanganate de potasse.

Ensuite M. Wiley a essayé plusieurs modes de traitement des rondelles, avec ou sans broyage, et enfin le traitement par l'eau et à l'alcool.

Résultats généraux. Procédés par épuisements successifs. — *1re série.* — Rondelles bouillies dans 5 fois leur poids d'eau; durée moyenne de l'ébullition, une heure et demie.

Nous donnons seulement un tableau complet pour indiquer en détail les résultats obtenus; pour les autres séries nous ne donnerons que le résumé.

TABLEAU.

Tableau LXIII.

NATURE de l'échantillon.	SACCHAROSE p. 100 gr.	AUTRES SUBSTANCES p. 100 gr.	SACCHAROSE p. 100 gr. de cannes calculés d'après le jus.	AUTRES SUCRES p. 100 gr. de cannes calculés d'après le jus.	DÉFICIT de saccharose.	EXCÉDENT de saccharose.	DÉFICIT d'autres sucres.	EXCÉDENT d'autres sucres.	MÉTHODE D'ANALYSE.
Jus. . . .	10.38	2.41	9.24	»	»	»	»	»	Optique et réductrice.
Rondelles . .	8.68	2.09	»	2.14	0.58	»	0 05	»	Cuivrique.
»	8.33	»	»	»	0.91	»	»	»	Optique.
»	8.43	»	»	»	0.81	»	»	»	»
»	7.78	»	»	»	1.44	»	»	»	»
»	7.35	1.98	»	2.14	1.89	»	0.16	»	Cuivrique.
»	7.29	2.14	»	»	1.95	»	»	»	»
Jus. . . .	9.38	2.24	8.35	»	»	»	»	»	Optique et réductrice.
Rondelles . .	7.07	2.69	»	2.42	1.28	»	0.18	»	Cuivrique.
»	7.40	»	»	»	0.89	»	»	0.27	Permanganate.
»	6.96	2.43	»	»	1.38	»	»	»	Optique.
Jus. . . .	9.69	»	»	»	»	»	»	»	Optique et réductrice.
Rondelles . .	7.69	»	8.68	2.16	1.01	»	»	»	Optique.
»	7.66	»	»	»	1.02	»	»	»	»
»	7.82	2.65	»	»	0.86	»	»	0.49	Permanganate.
»	6.86	2.80	»	»	1.82	»	»	0.64	Cuivrique.
Moyennes. .	»	»	»	»	1.22	»	0.10	0.35	

La moyenne indique donc un déficit de saccharose et souvent une augmentation des autres sucres. Méthode à rejeter.

2ᵉ série. — Mêmes conditions; durée de l'ébullition, trois heures au lieu de une heure et demie.

Résultats moyens. —Déficit en saccharose de 1.22 à 1.92. Méthode à rejeter.

3ᵉ série. — Rondelles bouillies dans cinq quantités d'eau successives. Chaque quantité un peu supérieure au volume de la cossette. Durée moyenne de l'ébullition, 20 minutes chaque fois.

Résultats moyens. — Perte de 1.29 de saccharose. Méthode également à rejeter.

4ᵉ série. — Mêmes conditions, mais en mettant dix fois de l'eau successivement.

Résultats moyens. — Perte de 0.98 de saccharose.

On déduit de ces essais que le traitement des rondelles de cannes par de l'eau bouillante, même en renouvelant dix fois l'addition de l'eau, n'est pas suffisant pour obtenir l'extraction complète du sucre de la cossette. En outre, il y a à craindre que par une durée aussi prolongée il y ait parfois formation de sucre réducteur aux dépens du saccharose. Enfin, il n'y a pas de relation entre le jus extrait de la canne et la richesse directe pour 100 gr., ainsi que cela a été démontré aussi pour la betterave.

Mais, d'après nous, cela doit tenir surtout à la division de la canne, c'est-à-dire à ce que les rondelles étaient trop épaisses. M. Wiley dit bien que dans quelques cas on a essayé le broyage des cossettes au mortier sans avoir constaté d'augmentation dans le pour-cent de sucre.

En effet, si on divise la cossette de cannes en plusieurs morceaux, qu'elle soit déjà mince par elle-même, et ensuite qu'on la passe dans un mortier pour avoir une matière représentant de la grossière pulpe de betterave, on parvient à extraire sensiblement tout le sucre de la canne par des épuisements successifs, surtout en opérant comme suit :

Peser 50 gr. de la matière divisée et bien mélanger, ajouter 150 à 200 centimètres cubes d'eau, faire bouillir et après cinq minutes environ d'ébullition décanter le liquide dans un ballon de 1 litre renfermant 5 centimètres cubes de sous-acétate de plomb, remettre de l'eau, et faire bouillir à nouveau 7 à 8 minutes et ainsi de suite, on arrive à faire ainsi 7 à 8 lavages, avec lesquels on a extrait sinon absolument tout le sucre (car il y en a encore des traces visibles à l'alpha-naphtol), mais au moins pratiquement. On refroidit, on complète 1000 centimètres cubes et on polarise au tube de 500 ou de 400, on calcule le sucre pour 100 gr. de cannes et on applique ensuite le coefficient tel qu'en multipliant le degré observé par ledit coefficient, on trouve de suite la richesse de la canne analysée pour les conditions adoptées (poids 50 gr., volume 1000 centimètres cubes, tube de 500 millimètres).

C'est un procédé évidemment long, et qui exige une certaine surveillance, mais il peut être appliqué à des essais de contrôle pour l'analyse moyenne des rondelles, à chaque poste si la sucrerie utilise la diffusion. Le résidu de l'extraction sert au dosage du ligneux dans l'échantillon moyen.

Après ces cinq ou six extractions prolongées *sur la cossette divisée convenablement*, il ne reste plus que des traces de sucre visibles seulement pour l'alpha-naphtol et correspondant à 0.02 ou 0.05 de sucre pour 100 gr. de cannes, et quelquefois à 0.12 ou 0.15. On peut opérer sur 100 gr., ou 78, ou 104^{gr},096 de pulpe.

Sur une partie de cannes riches on a eu ainsi[1] :

Tableau LXIV.

	SUCRE p. 100 gr. de cannes.
1er ballon	8.32
2e —	6.24
3e —	1.69
4e —	0.78
5e —	0.26
6e —	traces
Total . . .	17.29

Si on représente la marche de l'épuisement par une courbe, on a la suivante (*fig. 2*) :

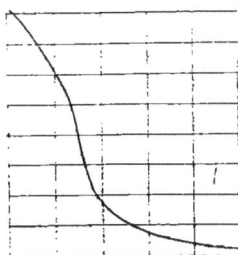

Fig. 2. — Marche de l'épuisement de la cossette de cannes par lessivages successifs à l'eau chaude.

Ce procédé n'est pas très pratique pour un grand nombre d'es-

---

1. En opérant avec le tube de 500 centimètres cubes — alors on lit directement la richesse — puisqu'on multiplie par 2.5 le résultat et la pesée égale quatre fois plus de matière normale. Mais il faut absolument le 6e lavage pour assurer l'*épuisement pratique*.

sais et, on le voit, il ressemble beaucoup à celui préconisé par M. Vivien pour l'analyse de la betterave par diffusion, tandis qu'ici on opère par ébullition directe.

L'épuisement par lavages successifs ne peut jamais, du reste, être complet, sinon en pratique, du moins en théorie, et il est facile d'expliquer pourquoi on constate toujours du sucre dans les dernières eaux d'extraction.

Admettons les quantités de matière ci-après :

Pulpe, 100 gr.; richesse, 18 p. 100 de sucre ; eau, 65; eau, 200 gr. ajoutés par chaque lavage; nombre de lavages, 5.

Si on met 200 gr. eau + 65, on dissoudra après 10 minutes dans les meilleures conditions tout le sucre dans 265. La richesse du liquide sera $\dfrac{18}{265}$ ou 7.5 p. 100 environ.

Admettons qu'il reste chaque fois avec la pulpe les 65 p. 100 d'eau.

Donc, il y aura $\dfrac{65 + 75}{100} = 4.87$ de sucre pour 265 d'eau, ou 1.85 p. 100.

3e lavage, même calcul, 0.45 p. 100.

4e lavage, même calcul, 0.11 p. 100.

5e lavage, même calcul, 0.025 p. 100.

6e lavage, même calcul, 0.006 p. 100.

On voit donc qu'il faut au moins 6 lavages bien exécutés pour obtenir un liquide ne contenant plus que *0.06* de sucre par litre, très visible avec l'alpha-naphtol.

Si maintenant on peut réduire le volume du liquide restant dans la pulpe après chaque lavage, l'épuisement sera plus rapide, sans être complet, scientifiquement parlant.

On voit, en outre, qu'il faut que la diffusion soit complète après chaque lavage pour que l'eau extérieure corresponde à la même richesse que l'eau située à l'intérieur de la pulpe. En pratique, on a tendance à avoir plus de sucre dans le jus intérieur, ce qui explique que l'on constate en effet encore parfois de 0.1 à 0.2 de sucre par litre dans la dernière eau de lavage et de 0.2 à 0.3 dans l'eau de pression de la cossette épuisée.

La perte ne correspond qu'à 0.05 ou 0.15 de sucre p. 100 gr. de cannes, mais, enfin, si elle n'est pas toujours très visible avec le saccharimètre, elle est très calculable.

La courbe devient celle-ci :

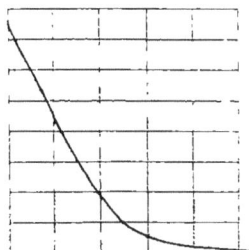

Fig. 3. — Marche de l'épuisement de la cossette de canne par lessivages successifs à l'eau chaude.

Et, suivant le rapport entre la richesse, la quantité d'eau ajoutée, le poids de pulpe employée, elle varie principalement au début, si la durée de l'ébullition n'est pas exactement la même entre chaque extraction.

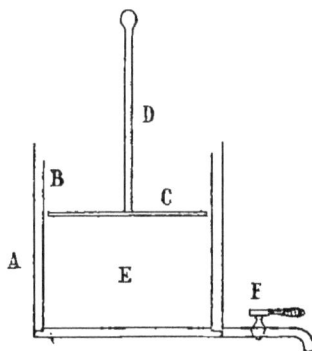

Fig. 4. — Appareil Zamaron pour le dosage direct du sucre dans la canne par épuisements successifs.

A. Réservoir cylindrique en cuivre muni d'un robinet F.
B. Réservoir cylindrique (un peu plus petit que A) en tôle de cuivre perforée, et dans lequel on met 100 gr. de canne divisée. Ce réservoir est porté par un croisillon placé au fond du vase A.
C Plateau perforé muni d'une tige D pour presser la pulpe de cannes quand on ouvre le robinet F.
Le tout est placé sur un support pour être chauffé au gaz, etc. Sous le robinet F on met un ballon de 1 litre.

M. J. Zamaron a décrit un appareil permettant le dosage direct du sucre dans la canne par épuisements successifs à l'eau bouillante.

Cet appareil est construit de manière à faire 5 ou 10 analyses à la fois, et a été disposé heureusement pour éviter les espaces nuisibles afin d'obtenir l'épuisement pratique de la cossette, aussi divisée que possible, avec 6 lavages, pour un volume total de 1 litre.

C'est l'appareil qui, jusqu'ici, nous semble le plus pratique pour opérer le dosage du sucre dans la canne par épuisements. Le marc reste dans le panier intérieur en toile métallique et, après dessiccation, donne le ligneux[1].

« Le dosage direct et exact du sucre dans la canne étant assez délicat à exécuter pour avoir des résultats se rapprochant de la vérité, il est bon de ne suivre qu'une seule et bonne méthode, afin d'avoir des chiffres satisfaisants.

« Le procédé que je vais décrire peut être employé aussi bien pour les analyses de betteraves que pour celles de cannes. Il suffira d'apporter dans la marche de l'analyse toutes les précautions qui y seront indiquées.

« A l'aide d'un seul appareil spécialement construit à cet usage, on pourra faire dix analyses de cannes en une heure et demie.

« Comme la betterave s'obtient dans un état de division plus grande que la canne, il est certain que l'on pourra faire un plus grand nombre d'analyses de betteraves que de cannes, par suite de la vitesse d'extraction du sucre à chaud.

« Pour les analyses de cannes, on devra avoir :

« 1° Un coupe-cannes ;

« 2° Un mortier en fonte (de dimension assez grande) pour diviser la canne ;

« 3° Un appareil pour le dosage direct du sucre dans la canne[2].

« Dans les usines où l'on marche avec la diffusion, on pourra prendre de nombreux échantillons de cossettes (pour la canne), afin d'obtenir à la fin de la journée, ou de la nuit, une moyenne qui, certainement, devra représenter la quantité du sucre contenu dans la canne, pourvu que les échantillons de cossettes soient réguliers,

---

1. Appareil présenté à l'assemblée générale de l'Association des chimistes de sucrerie et de distillerie de France et des colonies, séance du 12 juillet 1897.

2. La description de cet appareil sera décrite plus loin dans cet article.

afin d'avoir une moyenne aussi exacte que possible de la canne travaillée à l'usine.

« **Préparation de la pulpe de canne qui doit être analysée.** —
Les cossettes prélevées aux coupe-cannes de l'usine, ou celles que
l'on obtient au laboratoire avec des cannes qui y sont envoyées spécialement, sont broyées très finement dans un mortier en fonte. On
doit faire subir à la cossette la plus grande division possible. De
cette façon, on obtient une pulpe de canne qui se mélange parfaitement, et s'épuise à chaud avec rapidité.

« La préparation de cette pulpe doit se faire très vivement, afin
d'éviter une évaporation d'eau, qui amènerait une augmentation
sensible de sucre dans 100 gr. de canne.

« Dès que la pulpe est préparée, on doit avoir soin de la placer
dans un récipient muni *d'un couvercle,* afin d'éviter une évaporation
d'eau ; ensuite l'on procède aussitôt à la pesée des 100 gr. de matière intimement mélangée.

« Comme l'on obtient, dans les usines de betteraves, la pulpe très
divisée, la préparation des échantillons moyens devient plus facile
que pour les cannes.

« Cela fait, on procède à l'analyse.

« **Marche à suivre pour avoir l'extraction totale du sucre dans
la canne.** — On prélève 100 gr. de pulpe divisée et bien mélangée,
et on les introduit dans le panier métallique P de l'appareil à doser
le sucre. Cela fait, on épuise la pulpe avec de l'eau bouillante.

« On commence par verser d'abord 200 centimètres cubes d'eau
bouillante dans le récipient V de l'appareil qui contient le panier
métallique et la pulpe, et l'on fait bouillir cette eau 10 à 12 minutes.
Par suite de cette ébullition, une grande partie du sucre de la pulpe
se dissout rapidement, et, au bout du temps indiqué ci-dessus, l'on
soutire le liquide sucré dans un ballon jaugé A de 1 000 centimètres
cubes. Lorsque tout ce liquide sucré est soutiré, on verse une seconde fois 200 centimètres cubes d'eau bouillante sur la pulpe; on
laisse le même temps de contact de l'eau sur la canne en faisant
bouillir, et l'on procède ensuite au soutirage du liquide sucré.

« Comme l'on doit faire six épuisements successifs pour extraire la totalité du sucre, on ne devra plus ajouter après le second épuisement que *150 centimètres cubes d'eau* bouillante (au lieu de 200 centimètres cubes).

« Au bout du sixième épuisement, on aura un volume de liquide sucré chaud, de 960 centimètres cubes environ, à cause de l'évaporation d'eau produite par l'ébullition.

« Avant de recueillir le jus sucré du premier épuisement, on devra avoir soin d'ajouter 10 ou 15 centimètres cubes de sous-acétate de plomb à 28° Baumé, afin de précipiter les matières organiques et d'éviter l'altération du liquide sucré.

« Lorsque les six épuisements sont terminés, on refroidit le jus sucré, recueilli dans le ballon, à la température de 20° C. environ, ensuite l'on complète le volume à 1 000 centimètres cubes ; l'on agite le tout et l'on filtre.

« Le liquide filtré est polarisé dans un tube de 400 millimètres.

« Le nombre de degrés lus, multipliés par :

			POIDS normal.
			Gr.
0,81	Saccharimètre Laurent		16,20
0,8135	—	—	16,27
1,3024	—	Schmidt et Hœnsch . . .	26,048

= le sucre contenu dans 100 gr. de canne ou de betterave

« On peut doser le glucose sur le liquide filtré.

« La pulpe, une fois épuisée, est pressée assez fortement dans le panier même, à l'aide du petit pressoir T, pour en extraire le plus d'eau possible, et on la porte ensuite en la laissant dans le panier à l'étuve chauffée à 100-110° pour la dessécher complètement. Lorsque la dessiccation est terminée, on obtient la quantité de ligneux contenu dans la canne pour 100 gr. de matière.

« Cette méthode est rapide et certaine ; et l'on arrive facilement à obtenir de très bons résultats.

« Aucune altération ne se produit pendant l'ébullition.

« Depuis 1892 que j'emploie ce mode de dosage du sucre dans la canne, je n'ai jamais eu d'augmentation de glucose pendant l'opéra-

tion, et, pour qu'il y ait interversion de sucre, il faudrait opérer sur
des cannes fortement altérées. Exemple, les cannes attaquées par le
borer (ver de la canne). Si l'on se trouve en présence de semblables

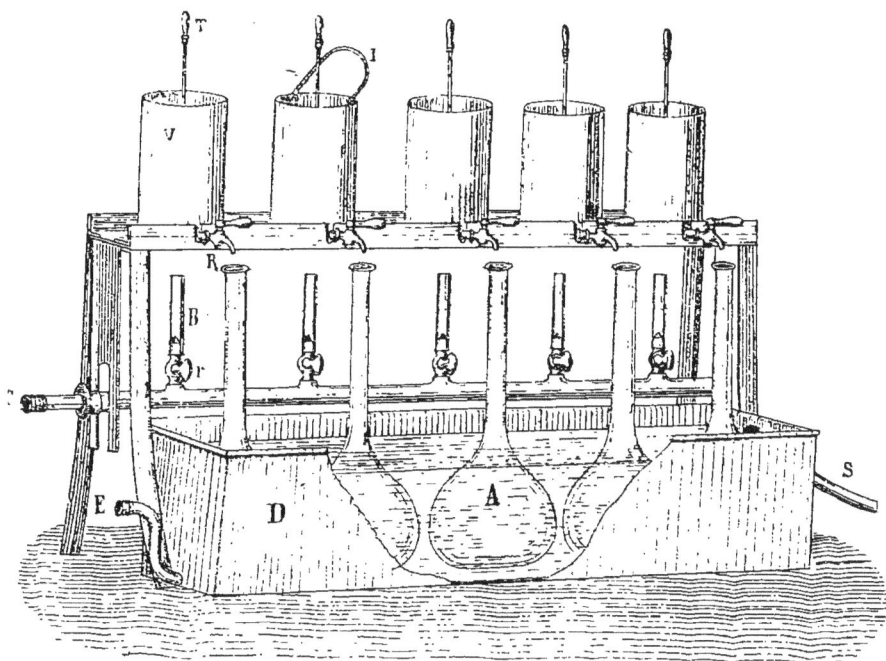

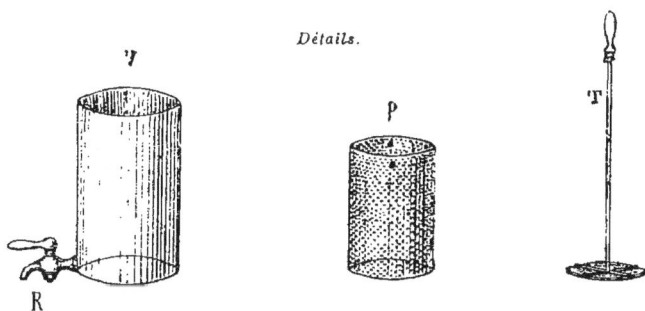

Détails.

Fig. 5. — Appareil Zamaron pour le dosage direct du sucre dans la canne.

cannes, on n'a qu'à ajouter un peu de chaux ou de baryte pour neutraliser la forte acidité de ces cannes.

« Cette méthode s'applique aussi bien à la betterave qu'à la canne ;

il suffit d'ajouter un peu de chaux pour alcaliniser très légèrement les eaux d'épuisement.

« **Description de l'appareil spécial pour doser le sucre dans la canne et dans la betterave.** — Cet appareil se compose de cinq ou de dix récipients cylindriques V en cuivre, reposant tous sur une table métallique.

« Chaque récipient est muni d'un petit robinet en cuivre R, pour l'écoulement du liquide sucré dans un ballon de 1 000 centimètres cubes A.

« Un panier cylindrique P, destiné à recevoir la pulpe divisée, se trouve dans chaque récipient. Chaque panier a un petit pressoir métallique rond T muni d'une tige.

« Au fond de chaque récipient se trouve un petit croisillon métallique pour éviter le contact du fond du panier avec le fond du récipient.

« Une rampe de cinq ou de dix becs Bunsen B est placée sous les récipients pour chauffer le liquide en contact avec la pulpe.

« Une table mobile se trouve fixée aux pieds de l'appareil pour recevoir cinq ou dix ballons jaugés de 1 000 centimètres cubes. Ces ballons reçoivent directement le liquide sucré de chaque récipient. Des numéros (1 à 10) sont gravés sur les récipients et sur les paniers métalliques.

« Afin de pouvoir compléter le volume de 1 000 centimètres cubes aussitôt les dix analyses terminées, on pourra adapter un récipient D avec courant d'eau froide, dans lequel baigneront les ballons recevant le liquide sucré chaud. Cette petite installation pourra se faire dans chacun des laboratoires qui emploieront cet appareil.

« Comme cet appareil est la réunion de cinq récipients semblables, on pourra, si l'on veut, augmenter ou diminuer à volonté le nombre de récipients.

« On trouvera chez MM. Gallois et Dupont, 37, rue de Dunkerque, à Paris, l'appareil ci-dessus indiqué avec toutes les explications pour son fonctionnement. »

6° *Digestion aqueuse à chaud* (Pellet).

On connaît ce procédé pour la betterave. Il peut être appliqué absolument de même pour l'analyse de la canne. On ne doit modifier que le poids de la canne si on veut faire un volume fixé de 200, 300 ou 500 centimètres cubes, ou modifier le volume définitif si on prend 1 fois, 1 fois 1/2 ou 2 fois 1/2 le poids normal du saccharimètre que l'on emploie pour obtenir un dosage direct à l'aide du tube de 400 ou de 500 millimètres.

Le procédé se résume en ceci : Quel est le volume occupé par la cellulose impure renfermée dans la canne ?

Cette question a été traitée par plusieurs chimistes. M. Wiley conseille d'adopter la densité de 1, donc 1 centimètre cube par gramme de résidu insoluble de la canne. C'est-à-dire que si on pèse 16.20 de matière par 200 centimètres cubes et qu'il y ait 10 p. 100 de cellulose impure, le volume occupé par le résidu serait de $1^{cc},6$, soit $201^{cc},6$. Cette manière de voir nous paraît très applicable et très simple pour la pratique. Nous conseillons donc de l'adopter, quoique, au point de vue scientifique, cela ne soit pas tout à fait exact. Nous avons trouvé des densités de cellulose impure un peu supérieures à 1, et, dans nos calculs, nous adoptions 1.2, ce qui aurait donné $1^{cc},33$ au lieu de $1^{cc},6$ en adoptant la base formulée par le Dr Wiley.

Mais, comme nous le verrons plus loin, le dosage direct du sucre dans la canne ne peut pas servir de base à un contrôle absolument exact par suite de la trop grande variation de richesse de la canne.

Dans le laboratoire de Java, on préfère également la méthode par digestion aqueuse et nous avons donné précédemment les résultats comparatifs avec les méthodes alcooliques.

Pour l'application de la digestion aqueuse à chaud, nous conseillons la pesée du double poids normal et demi dans un ballon de 500 centimètres cubes, de telle sorte que la polarisation dans un tube de 400 millimètres donne directement la richesse.

Si donc le ligneux est de 10 p. 100, le saccharimètre a 16.20 de poids normal ; cela fera $40^{gr},5$ de matière ou 4.05 de ligneux, soit 504 centimètres cubes.

Si l'on veut rester au volume de 500 centimètres cubes, on devra peser seulement 16.07×2.5 ou $40^{gr},17$. Même calcul pour le saccharimètre allemand.

On peut avoir des ballons de 500 centimètres cubes à col assez large pour l'introduction de la pulpe et de la forme de nos ballons de 200 centimètres cubes pour l'analyse de la betterave en verre spécial résistant aux changements brusques de température.

Utiliser l'acétate de plomb neutralisé au lieu de sous-acétate de plomb et l'ajouter avant le chauffage.

Laisser digérer au bain-marie presque bouillant durant une heure, une fois le ballon chaud.

C'est pourquoi il est bon d'ajouter de suite de l'eau presque bouillante jusqu'à la marque de 500.

Si l'on craint que la pulpe ne vienne en partie flotter au-dessus du liquide, accompagnée de bulles d'air, on peut placer une rondelle de plomb, percée de trous, dans le col du ballon, descendue jusqu'un peu au-dessous du niveau du liquide, comme nous l'avons signalé pour la betterave.

On peut aussi agiter de temps à autre pour chasser l'air émulsionné, etc.

Refroidir, compléter au volume définitif adopté, agiter, filtrer et polariser au tube de 400 à l'aide d'un polarimètre très sensible au vingtième, on a directement la richesse pour 100 gr. de canne. On peut opérer avec le double poids normal dans 200 centimètres cubes s'il s'agit du saccharimètre à $16^{gr},20$, mais avec le simple poids normal s'il s'agit du polarimètre allemand. Le volume de 52 gr. de pulpe de cannes dans 200 centimètres cubes est trop considérable, et si la division n'est pas convenable, le rapport de l'eau à la pulpe est trop faible pour obtenir un rapide épuisement en une heure au bain-marie.

De même, on doit bien faire attention à mettre, dès le début, la presque totalité de l'eau, car l'eau ajoutée ensuite ne fait que diluer le *liquide extérieur* situé autour de la pulpe, mais ne dilue pas celui renfermé dans les cellules mêmes. Donc, le dosage est inférieur à la réalité. Ce phénomène est très net déjà avec de la betterave et est très accentué avec la pulpe de cannes.

Le docteur Wiley a essayé aussi l'application de la digestion aqueuse à chaud, et nous extrayons de son travail, déjà cité, les notes suivantes :

7° Digestion aqueuse à chaud (Wiley).

Les séries 6 et 7 correspondent à des essais faits au moyen de la digestion aqueuse à chaud, en ballon bouché et dans 5 fois le poids d'eau environ, durant une heure (série 6) et deux heures (série 7).

Tableau LXV.

Série 6. — Résultats moyens (1 heure) :

Déficit de saccharose. . .	0.30	moyenne dans	5 essais.
Excédent de saccharose .	0.52	—	8 —
Déficit d'autres sucres . .	0.16	—	4 —
Excédent d'autres sucres .	0.07	—	1 —

Série 7. — Résultats moyens (2 heures) :

Déficit de saccharose. . .	0.97	—	2 essais.
Excédent de saccharose .	0.69	—	10 —
Déficit d'autres sucres . .	0.19	—	3 —
Excédent d'autres sucres .	0.22	—	1 —

Il résulte de ces essais que ce mode d'analyse semble préférable aux autres et qu'il n'y ait pas lieu de prolonger la durée du chauffage au delà d'une heure.

De l'ensemble des essais ci-dessus, M. Wiley a conclu à la méthode ci-après pour le dosage direct du sucre dans la canne à sucre[1] :

1° Échantillonnage de la canne ;

2° Découpage en rondelles aussi minces que possible par le coupe-cannes ;

3° Mélange des cossettes et prise de l'échantillon ;

---

1. Tout ce que nous disons sur la canne est applicable au sorgho et aux bagasses de cannes, de sorgho, etc.

4° Peser 3 fois le poids normal du saccharimètre que l'on possède et passer le tout dans un ballon portant un bouchon en caoutchouc analogue à celui des bouteilles de bière. Un trait doit indiquer le volume de 305^{cc},4 si l'on veut analyser le sorgho[1];

5° Mettre au bain-marie bouillant durant une heure après avoir ajouté un peu de sous-acétate de plomb, puis de l'eau jusqu'à la marque à peu près;

6° Faire refroidir, compléter exactement, agiter, filtrer et polariser;

7° Faire deux ou trois analyses du même échantillon et prendre la moyenne;

8° Ajouter au besoin des traces de soude ou de potasse[2];

9° On peut faire le volume de 300 centimètres cubes et modifier le poids de la canne à peser pour tenir compte du volume du marc.

On voit que M. Wiley a beaucoup étudié la question de l'analyse directe de la cossette ou rondelle de la canne et qu'il y a dans son procédé beaucoup de points de ressemblance avec la méthode que nous avons appliquée à l'analyse de la betterave depuis *1883*, c'est-à-dire l'analyse directe de la pulpe en ballons chauffés au bain-marie et dont la description a paru dans le *Bulletin de l'Association des chimistes* du mois d'août 1884. Cela tient à ce que nous avions réservé ce mémoire pour l'assemblée générale du 28 juillet 1884 et dont le compte rendu n'a été imprimé que dans le *Bulletin* du mois suivant. Mais, depuis longtemps, nous avions fait les essais et toutes les recherches relatives aux formes des ballons et à la durée du chauffage, à l'emploi du sous-acétate de plomb, etc.

8° *Digestion aqueuse avec eau chaude* (Divers).

Pour l'analyse de la betterave, on a proposé, dans ces derniers temps, un procédé dit de Herles, et qui consiste à mettre de l'eau chaude sur la pulpe, et à laisser le tout en digestion pendant un

---

1. Volume différent pour les autres sortes de cannes.

2. Nous avions indiqué également précédemment pour la betterave l'addition de l'eau de chaux. Plus tard on a proposé le carbonate de chaux pour neutraliser l'acidité, si on la croit trop forte.

certain temps. Ceci pour supprimer le bain-marie dans le cas par l'application du procédé à chaud.

Mais ce procédé est dangereux, car si la pulpe n'est pas très divisée, on ne sait pas le temps de contact nécessaire pour chaque essai.

En effet, il est dit que, pour appliquer cette manière d'opérer, on doit éviter la présence de morceaux grossiers, les séparer, etc.

On ne peut pas éviter ces semelles avec la préparation de la pulpe de betteraves par les râpes à dents, par exemple, ou même par les hache-viande.

Aussi, conseillons-nous la *digestion aqueuse à chaud au bain-marie pour l'analyse* de toutes les pulpes qui ne peuvent pas être analysables à froid.

On reconnaît qu'une pulpe est analysable à froid lorsque, essayée par le procédé de diffusion aqueuse instantanée et à froid dans le minimum de temps possible, le résultat correspond à celui obtenu par la méthode à chaud.

Du reste, dès 1887, nous avons essayé cette marche à eau chaude et, ayant eu des résultats incertains, nous l'avons rejetée.

(Voir notre brochure de 1887 sur l'analyse de la betterave par un nouveau procédé simple, rapide et peu coûteux, page 49.)

Par conséquent, nous ne croyons pas devoir la conseiller davantage pour l'analyse de la canne, d'autant plus que, jusqu'ici, la division de la matière première laisse à désirer.

9° et 10° *Diffusion aqueuse à froid* (Pellet) *et digestion aqueuse à froid* (modification Kaiser-Leuwenberg).

Jusqu'ici, malheureusement, nous ne pouvons donner aucun résultat sur l'application des procédés d'analyse à froid aussi instantanés que peuvent le permettre les manipulations, car *la pulpe de cannes*, aussi fine qu'on puisse la préparer à l'aide des instruments actuels connus, *n'est pas analysable à froid*.

Néanmoins, il faut espérer qu'on ne tardera pas à avoir des appareils capables de réduire la cossette ou la rondelle de cannes en une bouillie analysable à froid et sans que cela occasionne trop de difficulté, avec un rendement pratique sans dessiccation sensible de la masse triturée.

Car, une fois en possession de cette bouillie ou crème de cossettes de cannes, on peut appliquer immédiatement tous nos procédés d'extraction ou de diffusion aqueuse à froid indiqués pour la betterave.

Il va sans dire que nous avons déjà essayé bien des appareils, tels que râpe cylindrique à taille Keil, hache-viande de divers modèles, aucun n'a donné de bons résultats.

II. — Action des réducteurs sur la lumière polarisée dans l'analyse directe de la canne.

Il faut bien se rappeler, en outre, que le réducteur contenu dans la canne agit en général sur la lumière polarisée, mais que cette action devient presque nulle, ou nulle, s'il y a eu addition de sous-acétate de plomb en quantité sensible en excès.

Pour la pratique, on a donc ainsi le dosage direct sensiblement exact du sucre cristallisable. Mais si la proportion de réducteur augmente à 1 et 2 p. 100 du poids de la canne, la polarisation directe n'est plus exacte.

On doit alors opérer au moyen de l'*acétate de plomb neutre neutralisé par l'acide acétique* pour remplacer le sous-acétate de plomb et procéder à l'inversion Clerget.

Mais cela devient très difficile dans les liquides étendus provenant de l'extraction ou de la digestion de la canne.

On doit alors opérer sur le jus afin de déterminer l'influence du réducteur sur la polarisation et en tenir compte dans le dosage direct.

III. — Résumé. Procédé à employer pour le dosage direct du sucre dans la canne.

De tout ce qui précède, il s'ensuit qu'il faut rejeter l'alcool, parce qu'au point de vue pratique, l'extraction alcoolique exige trop de temps et de soin. Il faut opérer par digestion aqueuse à chaud ou par épuisements successifs.

La canne étant divisée pour obtenir un échantillon moyen et non desséché, on dose le sucre par la méthode de digestion aqueuse à chaud, qui est absolument semblable à celle employée pour la betterave.

On pèse donc 1, 2 ou 3 fois le poids normal dans des ballons de 100, 200 ou 300 centimètres cubes, on y ajoute la valeur de 10 centimètres de sous-acétate de plomb ordinaire du poids de la canne pesée, on ajoute de l'eau jusqu'au trait. Pour éviter que la pulpe ne remonte dans le col par l'air dilaté, mettre un disque de plomb perforé suspendu par un liège, disque ayant à peu près la largeur du col des ballons et 1 à 2 millimètres d'épaisseur.

Chauffer au bain-marie bouillant une heure et agiter de temps en temps. Laisser refroidir, compléter en lavant le disque, agiter, filtrer et polariser, multiplier le résultat par le volume du ballon diminué d'autant de dixièmes de centimètre cube qu'on a pesé de grammes de cossettes et diviser le tout par 100.

Exemple : On a pesé 16.20 dans 100 centimètres cubes, si on trouve 15° de sucre, le résultat devra être multiplié par $\dfrac{100 - 1.6}{100}$ ou $0.984 = 14.76$.

Si on a pesé 26.048, ce sera $\dfrac{100 - 2.6}{100}$ ou 0.974.

Si on a pesé 26.048 dans 200 centimètres cubes, le résultat devra être multiplié par $\dfrac{200 - 2.6}{200} = 0.987$.

Pour un dosage très exact d'un échantillon, rappelons qu'il est indispensable de faire 2 ou 3 essais et de prendre la moyenne.

M. le Dr Krüger a également essayé l'addition de la chaux à la cossette de cannes pour l'analyse par digestion aqueuse à chaud et dans les autres procédés.

Il a employé la valeur de 5 à 10 centimètres cubes de lait de chaux par essai, lait de chaux fait avec 20 gr. de chaux pure et avec 800 centimètres cubes d'eau.

En général, les essais exécutés avec la chaux ont donné un résultat légèrement supérieur à celui fourni par l'analyse sans chaux.

Ce résultat, d'après nous, tient uniquement à la destruction d'une

grande partie du glucose (qui diminue en effet de 40 à 50 p. 100),
ce qui réduit l'action sur la lumière polarisée et probablement parce
que cet alcali réagit d'abord sur le lévulose.

Tableau **LXVI.**

	EXTRACTION		
sans chaux.		avec chaux.	
Sucre.	Glucose.	Sucre.	Glucose.
15.00	0.590	»	»
»	»	15.10	0.333
14.85	0.792	15.10	0.319
14.93	0.691	15.10	0.326

Lorsqu'on opère par digestion, les différences peuvent être plus
sensibles si la proportion de glucose détruit est plus notable.

	Sans chaux.		Avec chaux.	
	Sucre.	Glucose.	Sucre.	Glucose.
Moyennes.	14.97	0.611	15.33	0.226

Dosage par épuisements successifs.

On pèse 48.6 ou 52.048 de cannes, on met 150 à 200 centimètres
cubes d'eau, on y ajoute une trace de sous-acétate de plomb, on fait
bouillir 10 minutes et on décante dans un ballon de 1 litre contenant
4 à 5 centimètres cubes de sous-acétate de plomb. On ajoute encore
150 à 200 centimètres cubes d'eau, ébullition 10 à 15 minutes, et
ainsi de suite jusqu'à ce que le litre soit complet, c'est-à-dire après
avoir fait 6 extractions.

Lorsque l'opération est terminée, on refroidit le litre et on complète à 1 000 centimètres cubes, on polarise au tube de 400 et on
·calcule le sucre d'après un coefficient calculé à l'avance.

Soit 52.096 dans 1 litre, tube de 400 :

1° Le résultat doit être multiplié par 5 ;

2° ——   — divisé par 2.

En résumé, les divisions trouvées au saccharimètre doivent être multipliées par 2.5 pour avoir le résultat p. 100, ou bien on emploie l'appareil Zamaron, que nous avons décrit, permettant d'opérer sur 100 gr. de matière.

IV. — Des appareils servant à la préparation de l'échantillon moyen de cannes destiné au dosage direct du sucre.

Nous supposons deux cas : le 1ᵉʳ, travail par les moulins ; 2ᵉ cas, par la diffusion.

Dans le premier cas, lorsqu'on ne possède que les moulins, on doit analyser des échantillons de cannes entières prélevées plus ou moins fréquemment et en nombre plus ou moins élevé durant le travail, s'il s'agit du contrôle. On se trouve dans les mêmes conditions si on doit procéder à des analyses de cannes composant l'échantillon d'un champ ou d'une fourniture quelconque.

Le nombre de cannes, dans les deux cas, est toujours forcément considérable si l'on veut avoir une analyse, sinon absolument exacte, du moins se rapprochant de la vérité. On peut donc avoir 20, 30, 40 ou 100 cannes à analyser et ce répété 2, 3, 10 ou 50 fois dans une journée.

Or, il n'y a pas d'autre moyen que de passer tous ces échantillons à un coupe-cannes de laboratoire, coupant plusieurs cannes à la fois et possédant plusieurs couteaux pour que l'opération ne dure pas trop longtemps.

Nous avons vu que M. Wiley, dès 1884, employait le coupe-cannes pour réduire en rondelles 25 à 50 kilogr. de cannes assez rapidement ; qu'à Java, on avait le coupe-cannes à 5 couteaux, réduisant plusieurs kilogrammes de cannes en rondelles en 10 minutes. On peut avoir des coupe-cannes de divers modèles, soit disposés absolument comme ceux d'une sucrerie ayant la diffusion, mais d'un plus petit diamètre et à plateau horizontal, soit un coupe-cannes genre *hache-paille*, d'un débit déjà assez considérable, à plateau vertical.

L'appareil de MM. Gallois et Dupont, spécialement construit à cet effet, permet de réduire en cossettes un certain poids de cannes en le manœuvrant à la main. Mû par courroie, il pourrait débiter davantage, mais il faudrait un modèle plus grand, plus fort, pour obtenir un échantillon moyen de 15 à 20 cannes en un temps relativement court. Car ce coupe-cannes ne peut agir que sur une seule canne à la fois. Naturellement, l'installation doit être complétée par une disposition spéciale en vue de recevoir la cossette en un réservoir fermé.

Une fois la cossette produite, il s'agit d'opérer un mélange pour ainsi dire parfait, sur lequel on prélève 1 kilogr. de cossettes qu'on suppose représenter la moyenne. Ces cossettes, si elles sont trop grossières, peuvent être divisées encore rapidement au mortier, le tout mélangé, et, sur ce dernier mélange, prendre les poids de matière nécessaire pour l'analyse.

Quel que soit le soin apporté dans la préparation de cet échantillon définitif, on ne peut assurer qu'il représente bien exactement la moyenne. Et, d'autre part, si on analyse 2, 3 ou 4 fois le même échantillon, on trouve trois résultats différents. Les différences extrêmes sont faibles parfois, ou quelquefois assez fortes. Cela dépend précisément du degré de division de la masse.

Si on a en résumé de la cossette grossièrement divisée, il est évident qu'en pesant 16.20 ou moins de 50 gr. environ de matière, l'homogénéité de la masse n'est pas suffisante pour qu'il n'y ait pas d'écart entre les 2 ou 3 résultats.

Si, au contraire, on s'est donné la peine de passer les cossettes déjà divisées au mortier, ou au hachoir, de couper aux ciseaux les fibres trop longues, en un mot d'avoir une matière analogue à de la grosse pulpe de betterave hachée, alors les résultats pourront être peu éloignés les uns des autres; mais il y a une chose à craindre, c'est que toutes ces manipulations exigeant beaucoup de temps et se faisant souvent par une température assez élevée, il ne se produise (et elle se produit) une évaporation très sensible pouvant être de 2 et 3 p. 100, ce qui de suite peut amener un écart de 0.25 à 0.50 sur le résultat de l'analyse directe.

Lorsque l'usine possède la diffusion, pour le contrôle on peut évidemment préparer de suite un échantillon moyen avec les rondelles ou cossettes prélevées au diffuseur et prendre les dispositions en conséquence pour éviter la dessiccation, etc.

Mais, même dans ces usines, on a intérêt parfois à analyser des échantillons de cannes avant leur passage au coupe-cannes, analyse de cannes venues par barques, wagons, etc., ou prélevées sur des charges.

On se trouve donc dans le cas de l'usine travaillant par les moulins.

Par conséquent, on doit utiliser soit le coupe-cannes industriel, soit celui de laboratoire, suivant l'importance des échantillons.

Fig. 6. — Coupe-cannes Gallois et Dupont.

Il y a bien un appareil qui est quelquefois employé dans certains laboratoires de sucrerie de cannes.

C'est un appareil analogue à celui qu'utilisent les marchands de comestibles pour débiter le saucisson en tranches minces régulières et suivant une inclinaison déterminée. Il y a de ces machines divers modèles, marchant à la main généralement (qu'on peut faire transformer pour marcher mécaniquement), mais encore on ne peut opérer que sur une canne à la fois.

Comme chaque tranche représente une rondelle de 2 à 3 millimètres d'épaisseur, si on a une canne de $1^m,20$ à $1^m,50$, cela représente 400 à 800 coupes par canne, et si on doit passer 20 cannes, on voit que l'on peut avoir 15 000 à 20 000 coupes à exécuter par

échantillon. A raison de 200 à 250 coupes par minute, cela représente une heure et demie à deux heures pour confectionner un seul
échantillon.

Et ensuite, cela n'empêche pas la préparation de l'échantillon définitif après le mélange de toute la cossette produite, pour avoir la
masse plus divisée sur laquelle on prélèvera les poids de pulpe à
peser.

Appareils divers.

En sucrerie de betteraves, on se sert de râpes et de hache-viande.

Nous avons essayé le râpage de la canne en nous servant d'une
râpe cylindrique, construite spécialement en acier et taillée à peu
près comme le disque Keil de notre râpe conique pour l'application
de nos procédés aqueux à chaud et à froid pour l'analyse directe de
la betterave.

Mais le résultat n'a pas répondu à notre attente, et nous avons dû
renoncer à cette application. On fait peu de travail et il y a une
perte considérable par évaporation. Les mêmes résultats ont été
observés à Java.

Puis nous avons essayé le hache-viande, soit à hélice, soit à couteaux, mais sans plus de succès.

Avions-nous des outils défectueux ? Nous ne le pensons pas. C'est
pourquoi nous avons été très surpris de lire, dans un article de
M. H. Pohlmam, publié par le *Centralblatt für die Zuckerindustrie* de
Welt, du 9 janvier 1897, et traduit par notre collègue B. Mittelmann
(*Bulletin de l'Association des chimistes de sucrerie* de mars 1897),
l'application du *hache-viande* pour produire de la CRÈME *de bagasse*.

Nous avons aussi essayé l'application du hache-viande à la division
de la bagasse de diffusion ou de moulin sans aucun succès. La matière est trop fibreuse d'abord et pas assez résistante, par suite de la
longueur des fibres, pour être divisée par un semblable appareil.

Aussi, avons-nous demandé des explications à cet égard, car si
véritablement on peut obtenir de la *crème de bagasse*, il n'y aura
aucune difficulté pour obtenir la *crème de cannes* et alors l'*analyse
directe de la canne* sera bien simplifiée, puisque cette crème, nous

n'en doutons pas, pourra être analysée probablement à froid, ou alors par une digestion très rapide au bain-marie.

Enfin la préparation de la crème aura en outre pour résultat la confection d'un échantillon moyen irréprochable.

Nous attendons les renseignements demandés, nous donnant la description de ce hache-viande, sa force, etc., et les résultats obtenus.

Dans tous les cas on peut réduire la quantité de masse à couper et le temps nécessaire à la coupe totale, en divisant d'abord toutes les cannes en deux parties suivant la longueur.

Cela est facile : on divise d'abord la canne en 2, 3 ou 4 tronçons suivant la hauteur, puis chaque tronçon est coupé suivant la longueur et par le centre ; on met de côté seulement un demi de chaque tronçon, pour le passage au coupe-cannes.

On peut donc rassembler deux demi-cannes pour en former une qu'on passe au coupe-cannes à orifice unique.

Cette division en deux parties n'a pas grand avantage si on possède un coupe-cannes, pouvant réduire en cossettes 20, 30 ou 50 kilogr. de cannes en quelques instants.

Nous avons fait des essais démontrant que la richesse obtenue de chaque moitié d'un certain nombre de cannes était sensiblement égale.

V. — Le dosage direct du sucre dans la canne n'est pas à conseiller pour le contrôle journalier de la fabrication.

On voit d'après ce qui précède combien il faut prendre de précaution, pour obtenir un échantillon moyen de la canne d'abord, et ensuite les difficultés à vaincre pour éviter l'évaporation de la masse durant la préparation. Comme, d'autre part, les appareils diviseurs connus jusqu'ici ne permettent pas l'analyse de la pulpe à froid aussi rapide que pour la betterave, et enfin la différence considérable de richesse existant entre la canne la plus riche (partie inférieure), et la canne la moins riche (partie supérieure), il s'ensuit que dans les fabriques où l'on travaille par les moulins on ne peut pas espérer avoir un échantillon de cannes moyen représentant véritablement la richesse exacte des cannes travaillées. C'est aussi l'avis de quelques

chimistes qui ont beaucoup travaillé la question du contrôle chimique des sucreries de cannes, notamment de L. Biard, qui a publié
de remarquables mémoires à ce sujet.

D'autres, au contraire, pensent que l'analyse directe est préférable; nous donnerons plus loin notre manière de voir et nos conclusions basées sur la pratique.

Si on travaille par la diffusion, la difficulté est déjà moins grande,
et en répétant des essais sur des échantillons exécutés après chaque
heure sur une moyenne de cossettes fraîches prélevées sur chaque
diffuseur comme en sucrerie de betteraves, on parvient à avoir des
résultats beaucoup plus sérieux comme nous le verrons.

Mais il y a encore une autre question qui est très importante.
C'est de savoir la quantité de *sucre total,* entré à la diffusion ou
par les moulins, rapportée au poids de la canne pesée.

En France, par exemple, la betterave achetée avec tare est mise
dans les lavoirs et propre elle est pesée. Donc, à la diffusion il entre
bien de suite 100 kilogr. de betteraves, dont l'échantillon bien pré-
lévé donne la quantité de sucre total mis dans les diffuseurs.

Mais en sucrerie de cannes, on ne lave rien. La canne est pesée et
envoyée au travail par les moulins ou par la diffusion. Les wagons,
les voitures, les charges quelconques de cannes une fois pesées n'en-
trent pas de suite dans l'usine. On pèse à l'avance pour la nuit. Malgré toutes les précautions prises pour le nettoyage de la canne, il
arrive des débris de feuilles, de la terre, des bouts blancs, etc.

De telle sorte que si on repassait la canne à l'état de cossettes
avant l'entrée aux diffuseurs ou à l'état de cannes avant le passage
au moulin, il y aurait une perte sensible sans compter la canne mangée, la canne écrasée plus ou moins dans les entraîneurs, etc., et
ayant perdu une grande partie de son jus.

Enfin, la canne ayant séjourné à l'air plus ou moins longtemps perd
une partie de son poids, surtout sous l'action du vent et du soleil.

On a parfois constaté que tout cela représentait 2.5 à 3 p. 100,
et dans d'autres cas seulement, 1 à 1.5, ce qui est toujours très
sensible à la fin de la campagne et influence le rendement, rap-
porté à 100 kilogr. de cannes pesées. Évidemment, la perte en poids
correspond à une augmentation de richesse qu'on applique à un

poids trop fort de matière première, mais la canne mangée, écrasée, les pertes en terre et en feuilles, etc., constituent une perte réelle calculée en cannes.

Si donc l'analyse directe de la canne au moment où on la travaille par la diffusion, peut donner un renseignement, ce n'est pas suffisant pour le contrôle définitif, et il faut alors procéder à une série de déterminations pour obtenir ce qui est le plus important, l'analyse de la canne rapportée à *100 kilogr. de cannes pesées.*

Nous arrivons donc à faire un contrôle rapide de la qualité de la canne par la méthode indirecte, suffisamment exact pour la pratique courante et vérifié ou modifié, chaque semaine, par le calcul de la richesse exacte de la canne pesée au moyen de la détermination totale du sucre contenu dans le jus et dans les résidus.

C'est ce que nous étudierons dans un chapitre spécial.

Mais avant, il est indispensable de montrer la variation de la richesse de la canne, la variation de la composition du jus suivant la pression, etc., ce que nous ferons dans la 5e partie.

Du reste, on peut encore comprendre la difficulté de l'analyse directe par la variation de la richesse du jus des moulins.

Si l'on prend des échantillons avant le moulin, c'est encore la même chose : on constate à chaque instant des variations de richesse de la canne. Dans la même journée, on peut trouver des cannes ayant 15 p. 100 de sucre, une pureté de 88 à 89, 1 à 2 de glucose p. 100 de sucre et ensuite un échantillon n'ayant que 9 à 10 p. 100 de sucre, 77 à 80 de pureté, et 8 à 12 de glucose p. 100 de sucre.

Il s'ensuit que, si l'on veut connaître la moyenne de la canne travaillée, il faut prendre régulièrement des échantillons, et beaucoup de fois durant chaque poste. Les échantillons doivent comporter au moins 20 cannes tout venant et, d'après nos essais, pour suivre exactement la qualité de la canne, il faudrait au moins 4 analyses par heure.

Ce qui n'est pas possible avec les instruments que l'on possède actuellement pour diviser la canne et opérer par analyse directe sur un échantillon *n'ayant pas perdu de poids* depuis le moment où on découpe les cannes en cossettes jusqu'au moment où on pèse la pulpe pour l'analyse; tandis que l'analyse indirecte peut permettre de suivre ce nombre d'analyses. Lorsqu'on a la diffusion, alors c'est encore plus simple. On prélève à chaque diffuseur un échantillon de 4 à 5 kilogr. de cossettes placées dans des vases ou paniers ou couffins se fermant à peu près.

Après une heure, on mélange tous les échantillons mis de côté et on prépare un échantillon de jus moyen, etc., on n'a donc qu'une analyse par heure et même en conservant le jus on n'a qu'une analyse de 12 heures; nous y reviendrons.

Pour les analyses de cannes entières destinées à faire connaître la richesse moyenne, il suffit de mettre également du jus de chaque essai de côté pour n'avoir qu'une analyse par 12 heures.

Enfin, on peut prélever chaque 5 minutes un volume égal du jus des moulins pour obtenir une moyenne par 12 heures, en conservant les jus au moyen du bichlorure de mercure ; nous en reparlerons.

Mais alors se pose une question : Comment passera-t-on de la richesse du jus à la richesse de la canne ?

C'est ce que nous examinerons dans le chapitre n° 6.

VI. — De l'analyse indirecte.

La détermination de la richesse en sucre de la *canne travaillée* nous paraît jusqu'ici devoir être établie indirectement.

C'est-à-dire en connaissant le volume et la richesse du jus extrait et la perte en sucre dans les cossettes (si on procède à l'extraction du jus par la diffusion), ou dans la bagasse, si on extrait le jus à l'aide des moulins avec plus ou moins de repressions, avec ou sans eau, à froid ou à chaud.

Il est évident qu'on doit connaître le poids de la bagasse produite, celui de la cossette est très facile à calculer.

Quant à l'échantillonnage de la bagasse pour le dosage du sucre perdu, il y a encore là quelques difficultés, et nous conseillons de faire des échantillons moyens à plusieurs reprises dans la journée et l'analyse du résidu par l'extraction aqueuse à chaud et directe au moyen de l'appareil Zamaron, en opérant sur 100 gr. de matière.

Au besoin, dans le liquide neutraliser à peu près exactement l'acidité de la bagasse par une trace de chaux, ou mettre du sous-acétate de plomb.

Pour le mesurage des volumes de jus, les appareils utilisés en sucrerie de betteraves conviennent parfaitement, ainsi que tous les appareils de contrôle.

Quant à l'échantillonnage moyen du jus, c'est encore ce qui se

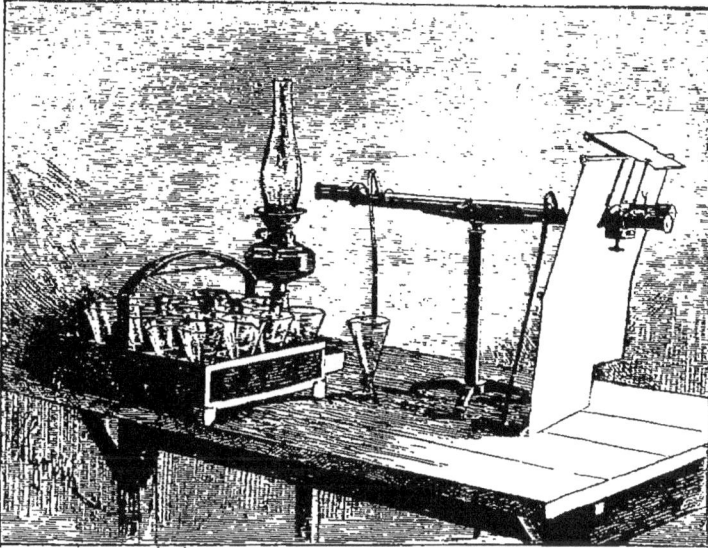

Fig. 7. — Tube continu de Pellet et panier à cases pour l'examen polarimétrique rapide des liquides sucrés.

fait en sucrerie de betteraves, et ce qui est le plus pratique pour la sucrerie de cannes.

Pour le jus on prélève 5 ou 10 centimètres cubes à chaque mesureur, ou à chaque chaudière à éliminer ou à déféquer. Le volume extrait est mis dans un flacon avec $0^{gr},1$ de bichlorure de mercure (solide).

Dans un autre flacon, pour vérifier le sucre au moins, on met 50 centimètres cubes de sous-acétate neutre de plomb. A chaque addition de jus on a soin d'agiter parfaitement.

Après 12 heures, on analyse chaque jus. Pour celui avec l'acétate de plomb, on note le volume total pour tenir compte du volume du sel plombique ajouté dans le calcul de la richesse.

Le résultat est parfaitement moyen et proportionnel et les résultats, sauf de rares exceptions, sont parfaitement d'accord dans la limite des erreurs possibles en pratique.

Pour l'analyse rapide de tous les échantillons de jus de cannes, liquides sucrés, il est indispensable d'avoir une installation spéciale avec notre *tube continu,* qui permet de polariser exactement 5, 6 ou 10 fois à la minute. Toutes les liqueurs à examiner sont placées dans des verres mis par ordre dans un panier à cases. On procède par série de 12 ou de 16 échantillons (*fig. 7*).

Moulins à cannes de laboratoire.

Il y a divers modèles.

On connaît depuis longtemps le moulin employé dans la plupart

FIG. 8. — Moulin à cannes de laboratoire.

des laboratoires des fabriques de sucre de cannes et dont nous donnons la figure ci-dessus.

Puis on a également utilisé des moulins analogues aux cylindres à laminer, en rayant les cylindres seulement pour la facilité du passage des cannes (*fig. 9*).

Enfin, ayant le coupe-cannes Gallois et Dupont ou des cossettes préparées pour obtenir du jus, on peut utiliser les presses ordinaires employées en sucrerie de betteraves.

Seulement les presses simples et de petite dimension ne peuvent

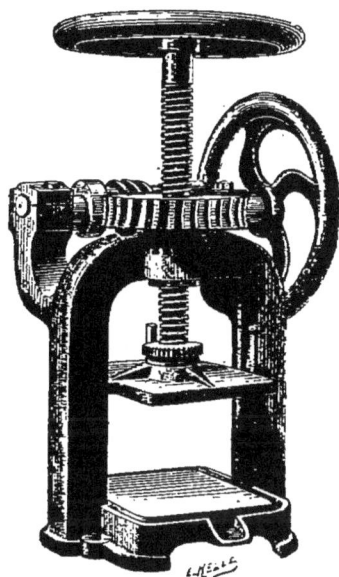

FIG. 9.   FIG. 10.

servir. Il faut avoir la presse à double vis de Gallois et Dupont, appareil très résistant, et qui permet d'obtenir 1 à 2 kilogr. de cossettes, presque autant de jus que par les moulins (*fig. 10*).

Enfin il y a les presses dites stérhydrauliques, qui sont disposées pour obtenir de très fortes pressions.

Naturellement, quels que soient le moulin et la presse employés, le rendement en jus sera d'autant plus fort que la cossette sera divisée plus finement.

CINQUIÈME PARTIE

COMPOSITION DU JUS DE LA CANNE SUIVANT LE DEGRÉ DE PRESSION EXERCÉE

Lorsqu'on soumet de la canne entière ou coupée en deux parties égales à l'action d'un moulin, le jus obtenu a-t-il à tous les instants de la pression la même richesse en sucre ou la même composition générale?

Nous pouvons répondre de suite : Non.

Le jus extrait le premier est généralement plus riche et plus pur.

Nous allons résumer les essais nombreux qui ont été faits à cet égard.

1° *Résultats du D*ʳ *Icery.*

On trouve déjà des essais relatifs à cette question dans la remarquable brochure du Dʳ Icery qui donne, à la page 29, les chiffres ci-après :

Tableau LXVII.

	SUCRE par litre de vesou.	
	a.	*b.*
1ʳᵉ pression.	21.4	21.3
2ᵉ — .	20.45	20.1

2° *Résultats de M. P. Bonâme.*

M. P. Bonâme a donné de nombreux exemples (page 247 de son ouvrage sur la culture de la canne à sucre).

Tableau LXVIII.

	VESOU extrait de 100 kilogr. de cannes.	SUCRE p. 100 cc. de jus.	GLUCOSE p. 100 cc. de jus.	MATIÈRES organiques p. 100 gr. de sucre.
	a.	b.	c.	d.
1re pression .	»	17.01	1.36	3.7
2e — .	»	16.75	1.36	6.1
1re — .	62.40	18.60	0.63	1.2
2e — .	9.10	17.98	0.62	2.7
1re — .	55.00	19.00	»	3.1
2e — .	18.00	18.50	»	4.3
3e — .	6.00	17.90	»	5.2
1re — .	28.00	15.06	1.46	»
2e — .	26.00	14.90	1.44	»
3e — .	10.00	14.90	1.44	»
4e — .	3.00	14.48	1.44	»

3° *Résultats du Dr Krüger.*

Le Dr W. Krüger a publié un mémoire très complet sur cette question dans le livre n° 2 du compte rendu des essais de la station de West-Java (Kagok-Tegal, Java) publié en 1896.

Extrayons deux ou trois de ces essais qui sont intéressants au point de vue scientifique, mais ne correspondent pas tout à fait à ce qu'on a besoin de connaître en pratique, où l'on procède à l'extraction du jus des cannes en extrayant d'abord la plus grande proportion de jus comme 1re pression et une faible quantité comme 2e.

Tableau LXIX.

	JUS obtenu de 1 kilogr. de cossettes de cannes.	PROPORTION de jus extrait p. 100 gr. de cannes.	SUCRE p. 100 gr. de jus.	PURETÉ.	CENDRES.
1°	200	21.81	19.90	92.26	0.339
	400	43.57	19.50	92.55	0.333
	100	10.99	21.00	89.36	0.470
2°	350	38.42	20.75	89.65	0.450
	600	65.73	19.41	88.23	0.580
	100	10.62	12.53	81.90	0.300
	200	21.24	12.56	82.60	0.290
	300	31.85	12.50	83.30	0.280
3°	400	42.46	12.42	82.80	0.270
	500	53.06	12.15	82.70	0.250
	600	63.62	11.59	84.00	0.230
	700	74.00	11.03	82.30	0.260

4° *Résultats de L. Biard.*

Dans le *Bulletin n° 1 de l'Association des chimistes* (juillet 1888),
M. L. Biard a publié un article très intéressant sur l'influence de la
pression sur la composition du vesou.

Tableau LXX. — **Composition moyenne des deux jus obtenus en fabrique.**

	NOMBRE d'analyses.	DENSITÉ à 15°.	SUCRE p. 100 cc.	GLUCOSE p. 100 cc.	PURETÉ.	GLUCOSE p. 100 gr. de sucre.
Jus de 1ʳᵉ pression.	103	1 071.4	16.45	0.73	88.8	4.44
— 2ᵉ —	103	1 070.6	15.60	0.70	84.8	4.49

L. Biard a examiné le jus de 3ᵉ et de 4ᵉ pression et a constaté
que la densité et la richesse en sucre diminuaient avec le nombre
de pressions.

C'est pourquoi, ce chimiste avait conclu, comme d'autres collègues
du reste, que la richesse de la canne calculée d'après l'analyse du
jus extrait par pression et la quantité de marc dosée est toujours
exagérée, le jus restant dans la bagasse étant moins riche que celui
extrait.

Voir également les essais de L. Biard sur la même question (*Bulletin de l'Association des chimistes de sucrerie et de distillerie*, numéro de juin 1891) et d'après lesquels le jus de 2ᵉ pression a été en
moyenne de 1 p. 100 moins riche en sucre que le vesou de 1ʳᵉ pression et cela pour quatre campagnes entières sensiblement.

Cette différence de richesse influe sur celle du jus moyen d'environ 0.25 p. 100, par suite de la proportion des deux sortes de jus
mélangés.

5° *Résultats de H. Pellet.*

Nous avons trouvé de notre côté :

Tableau LXXI.

	DENSITÉ.	SUCRE p. 100 cc.	GLUCOSE p. 100 cc.	p. 100 gr. de sucre.	PURETÉ.	CENDRES.	QUO-TIENT salin.
Jus de 1re pression.	1 074 5	17.32	0.36	2.10	89.2	0.54	32.0
Jus de 2° — .	1 070.0	15.87	0.35	2.30	87.2	0.75	21.2
Jus de repression après imbibition .	1 016.0	3.56	0.12	3.30	85.5	0.20	20.8

Tableau LXXII.

	DENSITÉ	SUCRE p. 100 cc. de jus.	GLUCOSE p. 100 cc. de jus.	p. 100 gr. de sucre.	PURETÉ.
Jus de 1re pression.	1 061.7	13.7	1.28	9.33	85.3
— 2° —	1 060.0	13.3	1.35	10.60	83.2

Tableau LXXIII. — Cannes coupées depuis plusieurs jours et altérées.

	DENSITÉ.	SUCRE p. 100 gr. de jus.	GLUCOSE p. 100 cc. de jus.	p. 100 gr. de sucre.	PURETÉ.
Jus de 1re pression .	1 068	13.39	2.07	15.46	74.6
— 2° —	1 069	13.21	2.25	17.03	72.7

Nous avons eu encore les résultats ci-après :

Tableau LXXIV.

		DENSITÉ.	SUCRE p. 100 cc. de jus.	GLUCOSE p. 100 gr. de sucre.	PURETÉ du jus.
1.	1re pression .	1 066.7	14.89	5.49	81.65
	2° — .	1 065.8	13.83	5.93	79.55
	3° — 1.	»	»	»	»
2.	1re — .	1 066.0	13.92	9.19	80.10
	2° — .	1 066.0	13.78	9.29	79.30
	3° — .	1 065.5	13.60	8.97	78.50

1. Pas de jus obtenu.

6° Essais de M. Drœshout.

M. P. Drœshout a donné quelques résultats d'analyses sur les jus
de diverses pressions de la canne à Cuba et a obtenu les chiffres ci-
après, en opérant sur des produits industriels. (*Bulletin de l'Association des chimistes de sucrerie*, numéro de janvier 1895.)

Tableau LXXV.

	SUCRE p. 100 gr. de jus.	SUCRES réducteurs.	NON-SUCRE.	CENDRES.	PURETÉ.	VALEUR proportionnelle.
1ʳᵉ pression .	18.58	1.10	2.42	0.225	84.30	14.50
2ᵉ —	16.90	1.10	2.90	0.234	81.70	12.70
3ᵉ —	10.50	1.85	4.50	0.345	70.00	7 35

SIXIÈME PARTIE

**I. — Quel est le coefficient à appliquer pour passer de la
richesse du jus de la canne pressée à la richesse de la
canne : 1° analysée ; 2° travaillée ?**

Il faut considérer deux cas :

Premier cas. — Étant donné un échantillon de cannes et le jus
obtenu, calculer la richesse de la canne pour 100 kilogr., connaissant
l'analyse du jus.

Deuxième cas. — Connaissant la richesse en sucre d'un jus fourni
par un grand nombre d'échantillons moyens journaliers, calculer la
richesse de la canne pesée à l'entrée à la fabrique.

Ce sont deux questions bien distinctes.
Examinons la première question.

Résultats de MM. L. Biard, E. Giesbers, H. Pellet et divers.

On sait, d'après ce que nous avons dit sur la qualité du jus obtenu par pression, que le jus de 1re pression est toujours sensiblement plus riche et plus pur que le jus de 2e pression et ainsi de suite.

Par conséquent, le jus extrait par pression ne représente paş la moyenne du jus de la canne.

Si donc on a dosé le ligneux, soit 10 p. 100, les 90 gr. de jus contenus dans la canne ne sont pas de même richesse que les 60.55 ou 68 p. 100 de jus extraits par la pression.

Il en résulte que si on multiplie la richesse pour 100 gr. du jus recueilli par la quantité de jus déduite du dosage du ligneux, on obtient une richesse de la canne trop élevée.

C'est un fait bien établi par un grand nombre de nos collègues : L. Biard, Giesbers, etc.

Aussi, les uns ont-ils proposé un coefficient différent de celui proposé par d'autres.

M. L. Biard a proposé celui de 86 pour passer de la richesse pour 100 gr. de jus à celui de la canne, bien que, par le dosage du ligneux, on trouve 90 de jus (n° 8, 15 mars 1889) et il a établi qu'avec les coefficients 88 ou 89 et à plus forte raison 90 on *calculait une richesse exagérée de la canne.*

M. E. Giesbers propose d'adopter le coefficient 87.5 au lieu de 90, lorsqu'il y a en moyenne 90 de jus. Il a trouvé par expérience que, suivant le cas, il fallait adopter de 86 à 89 et c'est pourquoi il propose la moyenne. (*Bulletin de l'Association des chimistes,* 4 octobre 1893, p. 287.)

De notre côté nous avons fait également un certain nombre de dosages directs de cannes comparés aux dosages du sucre dans le jus obtenu par double pression, et pour des cannes ayant aussi de 9.5 à 10.5 p. 100 de ligneux.

Voici, par exemple, les détails d'une opération :

D'abord nous avons voulu vérifier si les cannes coupées en deux parties égales suivant la longueur, l'une pressée à l'état de canne, l'autre partie découpée en rondelles et pressées, fournissaient toutes deux un jus analogue.

Nous avons déjà dit qu'à ce sujet nous n'avions aucun doute et que, pratiquement, les différences entre les deux moitiés étaient insignifiantes.

Dans le cas présent, ayant cherché à nous mettre dans les meilleures conditions pour séparer les cannes en deux parties, nous avons obtenu des résultats absolument concordants, vérifiant à la fois la même qualité du jus des deux moitiés et celle du jus des cannes entières ou découpées en cossettes avant d'être pressées.

Ceci a surtout un intérêt pour les usines qui se servent des coupe-cannes, soit pour l'extraction du jus à la diffusion, soit pour l'échantillonnage.

Nous avons eu (même moulin, même proportion de jus) :

Tableau LXXVI.

		DEN-SITÉ.	SUCRE p. 100 cc. de jus.	SUCRE p. 100 gr. de sucre.	GLUCOSE p. 100 cc.	CENDRES p. 100 cc. de jus.
Jus des moitiés de cannes	coupées en longueur. .	1 071	16.48	15.31	0.37	0.60
	découpées en cossettes.	1 071	16.48	15.34	0.36	0.70

On a vu qu'au laboratoire de West-Java (Kagok-Tegal) on a obtenu des résultats analogues sur des cannes découpées en deux parties suivant la longueur.

On a ensuite prélevé sur les cossettes, bien mélangées avant d'en passer la plus grande partie au moulin, deux forts échantillons, de nouveau mélangés séparément, et fait sur chacun une analyse.

Tableau LXXVII.

		SUCRE p. 100 gr. direct.	MOYENNES.
1er échantillon.	Analyse a . . .	13.17	13.15
	— b	13.14	
2e échantillon.	Analyse c	13.39	13.22
	— d	13.06	
Moyenne générale. . . .		13.19	

A ajouter : sucre restant encore dans la cossette épuisée (par l'alpha-naphtol) 0.02

13.21

D'où, coefficient calculé :

$$\frac{13.21 \text{ sucre p. 100 gr. de cossetttes}}{15.34 \quad - \quad - \quad \text{de jus.}} \left.\right\} = 86.1$$

Nous avons fait d'autres essais en extrayant le jus de la canne par différentes pressions, puis imbibition, repression et analyse de la bagasse restante, en pesant, mesurant et analysant tout et en prenant naturellement toutes les précautions pour éviter les pertes et les altérations de jus.

Voici les détails qui peuvent intéresser nos collègues :

1° 2 cannes choisies pesant ensemble 2^{kg},335 ;

2° On a pressé une première fois, puis une deuxième ;

3° La bagasse restante a été imbibée d'eau par trempage dans un vase dont on a analysé le liquide ;

4° On a pressé la bagasse imbibée et enfin on a analysé la bagasse.

Tableau LXXVIII. — Analyse des produits.

	JUS			PETIT JUS
	de 1re pression.	de 2e pression.	de repression après imbibition.	(eau d'imbibition).
Densité	1 074.5	1 070	1 016	1 005
Volume.	995	325	850	4.050
Sucre p. 100 centim. cubes.	17.32	15.87	3.56	1.00
Sucre p. 100 gr	16.12	14.83	»	»
Glucose p. 100 cent. cubes.	0.36	0.35	0.12	traces
Glucose p. 100 gr. de sucre.	2.1	2.3	3.3	»
Pureté	89.2	87.2	85.5	77.5
Cendres p. 100 cent. cubes.	0.54	0.75	0.20	0 08
Quotient salin	32	21.2	20.8	12.5

	1re ANALYSE.	2e ANALYSE.	MOYENNE.
Bagasse	3.3	3.4	3.45

Sucre retiré ou laissé.

Jus de 1re préssion.	172.3
— 2e —	51.7
— de repression	30.3
Petit jus	41.5
Bagasse	25.9
Sucre total	321.7

Soit pour 100 kilogrammes de cannes fraîches $\frac{321.7}{2335} = 13^{kg},77$

et $\frac{13.77}{16.12^{1}} = 0,854$ comme coefficient.

Si on adopte la moyenne proportionnelle du jus des deux pressions qui est :

Densité.	1 073.4
Sucre p. 100 centimètres cubes.	16.96
Sucre p. 100 gr.	15.80
Pureté.	88.7

le coefficient calculé est de $\frac{13.77}{15.80} = 87.1$ au lieu de 90 p. 100

qu'on aurait dû adopter par le dosage du ligneux.

On voit donc qu'il n'est pas possible non plus de dire le coefficient exact à adopter, puisqu'on ne connaît pas le degré de pression exercé lors de chaque essai.

Ainsi, dans notre expérience, le jus de 1re pression représentait 46 p. 100, et le total du jus des deux pressions, plus de 60 p. 100. C'est ce que l'on peut obtenir couramment dans les laboratoires.

Mais, d'autre part, si on arrive à une telle proportion de jus lorsqu'on peut surveiller les préparations, on n'a pas la même certitude lorsqu'on a beaucoup d'essais à terminer en un jour et qu'on ne peut assister à toutes les opérations.

Il est certain qu'il y a une tendance générale à obtenir moins de jus de la canne pressée, donc un jus plus pur, ce qui diminue le coefficient à adopter. C'est ce qui doit expliquer les variations observées par différents chimistes.

Ces deux essais donneraient le coefficient *0.862*, se rapprochant beaucoup de celui de M. L. Biard qui a proposé 0.86.

Mais nous avons cherché à vérifier ce chiffre par un certain nombre de dosages directs et indirects.

Nous avons trouvé, comme M. E. Giesbers, que ce coefficient n'était pas constant et qu'il variait même considérablement.

---

1. Pour 100 **gr.** de jus de 1re pression.

Voici des moyennes de nombreux résultats par semaine :

Tableau LXXIX.

	SUCRE (dosage direct).	COEFFICIENT calculé.
1re semaine.	12.81	89
2e —	12.29	89.0
3e —	12.20	87.5
4e —	12.14	86.0
5e —	12.51	89.0
6e —	12.16	88.0
7e —	12.57	89.5
8e —	12.20	88
9e —	12.06	87.5
10e —	12.94	88.5
11e —	12.53	86
12e —	13.20	87
13e —	13.55	83
Moyennes. . .	12.55	87.4

chiffre qui se rapproche aussi de celui de M. E. Giesbers.

Les différences de 83 à 89 ne correspondent pas évidemment complètement à la variation de richesse du jus de pression par rapport à la richesse réelle de la canne. Il faut aussi en attribuer une part à la difficulté d'obtenir l'échantillon moyen de la canne devant être analysée directement.

Nous l'avons signalée et il faut peu de chose pour que l'analyse ne représente pas la moyenne exacte lorsque certaines parties de la canne contiennent 17 à 18 p. 100 de sucre et d'autres à côté 4 à 5 seulement.

Aussi, malgré les soins pris pour l'échantillonnage, arrive-t-on, dans chaque semaine, si on fait 14 essais directs (2 par jour, 1 par poste) sur un échantillon moyen de cossettes, à obtenir certains écarts avec l'analyse indirecte et calculant la richesse de la canne d'après le coefficient qui paraît le meilleur comme moyenne.

Pendant les 13 semaines correspondant aux tableaux ci-dessus on a eu parfois les écarts suivants.

Tableau LXXX.

ANALYSE directe.	Par COEFFICIENT 87.5	Par le COEFFICIENT sur l'analyse directe.
—	··	—
13.10	12.48	— 0.62
11.57	12.09	+ 0.52
11.96	12.36	+ 0.40
12.35	11.99	— 0.36
13.52	12.19	— 1.33
12.82	11.78	— 1.04
13.33	12.61	— 0.72
11.55	12.04	+ 0.49
11.31	11.85	+ 0.54
12.87	12.16	— 0.71
13.91	13.31	— 0.60
13.00	12.45	— 0.55
13.30	13.79	+ 0.49

Nous avons voulu étudier les variations du coefficient pour passer de la richesse du jus de cannes à celle de la canne elle-même en opérant comme on peut le faire dans un laboratoire de sucrerie, c'est-à-dire au point de vue pratique.

Pour cela, nous avons suivi durant une journée le travail d'une sucrerie et prélevé pendant chaque heure plusieurs échantillons de cannes divisées en cossettes. Après chaque heure, on préparait un échantillon moyen sur lequel on enlevait 2 à 3 kilogr. de cossettes, lesquelles étaient passées au moulin à deux pressions.

Sur le tas, quelques poignées de cossettes étaient mises à part, passées au mortier, et réduites en fibres plus ou moins grossières. Les trop longues étaient coupées aux ciseaux de façon, en un mot, à pouvoir faire un mélange aussi homogène que possible sur lequel on prélevait le poids nécessaire à l'analyse directe.

L'analyse directe était faite par épuisements successifs et dans les mêmes conditions, c'est-à-dire 6 épuisements avec 150 centimètres cubes à 175 centimètres cubes d'eau chaude chaque fois pour 50 gr. de cossettes ; durée de l'ébullition : de 10 à 12 minutes par addition d'eau.

Un dernier épuisement était mis à part, complété à 200° afin de voir s'il y avait encore du sucre en quantité sensible. La polarisation faite sur un tube de 400 millimètres n'a fourni que des quantités très faibles, pouvant faire varier la richesse directe de 0.05 à 0.1 au plus.

Même résultat en opérant sur le liquide extrait de la pulpe épuisée par pression, seulement le liquide obtenu ainsi paraissait naturellement plus riche, puisqu'il n'était pas dilué dans 4 fois son poids d'eau.

C'est même le meilleur moyen de voir si une pulpe de cannes est bien épuisée.

Si on opère par extraction, on peut avoir un dernier liquide sans traces de sucre, parce que le véhicule suit un chemin toujours le même, mais si on soumet le résidu paraissant épuisé à une forte pression, on constate parfois encore la proportion de sucre de 0.2 à 0.5 par litre à l'aide de notre méthode micro-chromosaccharimétrique par le naphtol-alpha. S'il n'y a que 50 gr. de matière, cela correspond à 0.01 ou 0.025 ou 0.02 à 0.05 p. 100 de matière normale, quelquefois plus, suivant l'épuisement.

Voici le résultat de 12 essais de détermination du coefficient n° 2.

Tableau LXXXI.

	DENSITÉ du jus.	SUCRE		ANALYSE directe.	COEFFICIENT n° 2 (analyse directe). Sucre p. 100 gr. de jus.
		p. 100 cc. de jus.	p. 100 gr. de jus.		
7 heures .	1 071	15.87	14.82	13.00	87.7
8 —	1 073	16.32	15.21	13.65	89.7
9 —	1 072.5	15.87	14.80	12.67	85.6
10 —	1 072	15.83	14.77	12.67	85.8
11 —	1 074	16.71	15.55	13.60	84.2
12 —	1 073	15.77	14.69	13.00	88.4
1 —	1 073	16.00	14.91	13.32	89.4
2 —	1 073	15.87	14.79	12.67	85.5
3 —	1 071 .	15.44	14.41	12.35	85.7
4 —	1 070	15.00	14.00	12.06	86.1
5 —	1 070	15.34	14.30	12.35	86.3
6 —	1 071.5	15.87	14.81	12.84	86.0
	1 072	15.82	14.75	12.84	86.7

Le ligneux était en moyenne de 9.8 p. 100.

La richesse par le ligneux aurait donc été de $\dfrac{14.75 \times 90.2}{100} = 13.30$, tandis que par l'analyse directe en moyenne on n'a eu que 12.84.

Contrôle de la moyenne. — Analyse de la moyenne du jus des cossettes mises à part à chaque heure :

Sucre p. 100 centimètres cubes de jus.	15.76
Sucre p. 100 gr. de jus.	14.70

On voit que ce coefficient se rapproche de celui que nous avons obtenu par un essai spécial sur de la canne pressée, repressée, et avec imbibition d'eau, etc.

Mais il faut remarquer que si le coefficient 86.7 est possible, il y a eu des variations très grandes de 84.2 à 89.7. Cependant cela ne doit pas tenir aux cannes, puisque la densité du jus normal a peu varié.

En outre, pour 4 échantillons ayant donné sensiblement le même jus (densité 1073-1074) on a eu depuis 84.2 jusqu'à 89.4 comme coefficient calculé.

Ce grand écart ne vient pas de ce que le jus recueilli par le moulin était plus différent du jus normal dans un cas que dans l'autre. Il ne doit être attribué, en grande partie, qu'à la difficulté précisément de préparer un échantillon bien moyen pour que 50 gr. d'un mélange aussi variable que la cossette de cannes puisse représenter la richesse absolue correspondant à un travail de plusieurs milliers de kilogrammes.

Tandis que par le moulin la quantité de matière pressée est 30 à 100 fois plus grande et on n'a pas à craindre pour la dessiccation.

Ce sont là des faits qui paraissent évidemment en contradiction avec les conclusions que nous avons formulées au sujet du contrôle chimique en sucrerie de betteraves.

Mais les conditions, on doit le reconnaître, sont tout à fait différentes, attendu que la division de la betterave s'obtient aisément à l'aide des coupe-racines, et que, d'autre part, les variations de richesse extrêmes qu'on peut trouver d'une cossette à l'autre ne sont pas aussi considérables que dans la canne.

C'est précisément en étudiant le contrôle chimique de la sucrerie de cannes pour l'établir conformément à celui de la sucrerie de betteraves que nous avons reconnu les difficultés d'opérer absolument de même.

Cependant, lorsque des appareils permettront de réduire en pulpe fine un poids assez fort de cossettes de canne, obtenues d'un fort échantillon de cannes entières ou recueillies du coupe-cannes, et que pendant tout ce travail on n'aura pas à craindre une évaporation, on pourra accepter l'analyse directe faite par le procédé le plus simple, ou digestion aqueuse à chaud (à froid, si la division de la fibre le permet) ou par épuisement ou lavage.

Il ne restera plus qu'à adopter un coefficient pour passer de la richesse directe de la canne travaillée à la richesse industrielle de la canne pesée, pour tenir compte de la perte en poids par la dessiccation des cannes, des cannes écrasées, mangées, des débris de feuilles, terre et déchets de toute nature n'arrivant pas au moulin ou au coupe-cannes.

Le coefficient moyen par lequel on doit multiplier la richesse pour 100 gr. de jus pour avoir la richesse de la canne doit donc être déterminé pour chaque usine suivant les conditions dans lesquelles on se trouve, c'est-à-dire l'appareil servant à presser les cannes, la pression exercée, le rendement en jus, le procédé suivi pour l'échantillonnage de la cossette, ou de la canne analysée directement, etc.

En tout cas, pour une richesse en ligneux de 10 p. 100, ce coefficient sera inférieur à 90 et pourra varier de 84 à 89 suivant les circonstances et se rapprocher de 86 à 88 en général.

Si les cannes sont peu chargées de ligneux, il est bien évident que l'on atteindra le coefficient 90, même s'il n'y a que 8 à 8 1/2 de ligneux, mais on descendra à 84, 85 pour des cannes ayant 12 p. 100 de ligneux et peu pressées.

Ce coefficient moyen permet donc de passer de la richesse du jus à celui de la canne et d'avoir des résultats rapides très sensiblement comparables pour des analyses industrielles.

Mais il ne donne que la richesse de la canne ou de la cossette prélevée soit au moulin, soit au coupe-cannes.

Or, cette canne analysée à ce moment ne représente pas exactement la canne entrée à l'usine à la bascule.

C'est alors qu'il nous faut étudier la deuxième question : Le coefficient à appliquer pour passer de la richesse du jus de moulin p. 100 à la richesse calculée de la canne p. 100 entrée à la bascule.

II. — Coefficient à adopter pour passer de la richesse du jus à la richesse de la canne travaillée.

La canne entrée à la bascule n'est généralement pas toute travaillée de suite.

Dans les usines où on travaille constamment, le service de nuit se fait au moyen de la canne reçue plus ou moins tard le jour.

Les cannes des wagons de la veille ne sont pas toujours écrasées ou coupées par ordre d'entrée, si bien que quelques wagons restent sur les voies pendant 10, 12 ou 15 heures.

S'il y a des arrêts quelconques pour nettoyage, fêtes, etc., de la canne en tas ou en wagons peut donc être conservée durant plusieurs jours.

Quel que soit le laps de temps écoulé entre la pesée et le travail de la canne, celle-ci subit une perte de poids, une dessiccation plus ou moins notable suivant l'état atmosphérique de l'air (température, vent). S'il survient des pluies, c'est le contraire, mais c'est le cas le moins fréquent, au moins pour certains pays.

La perte de poids est variable, suivant le mode de chargement, l'endroit où sont déposées les cannes, etc. On constate, par exemple, que des wagons peuvent perdre un poids correspondant à 0.6 ou 0.7 p. 100 en quelques heures. Dans d'autres circonstances, cette perte atteint 1 à 1.5.

Par conséquent, sur 100 kilogr. de cannes pesées à la bascule il n'en entrerait au moulin que 98.5, 98 ou 99.4, suivant la perte subie, si on n'avait qu'à compter sur la dessiccation.

Mais il y a bien d'autres pertes difficiles à calculer et qui correspondent :

1° Aux cannes écrasées ;

2° Aux cannes mangées ;

3° Aux débris de feuilles restés sur les wagons ;

4° A la terre qui tombe peu à peu des cannes et qu'on retrouve sur la plate-forme (quantité variable, quelquefois négligeable);

5° Aux déchets mis au rebut et provenant du nettoyage des transporteurs, etc.

Il y a donc perte de sucre réelle en poids, et perte de cannes.

La perte en sucre correspond au jus des cannes écrasées, aux cannes mangées et déchets de cannes. La perte en poids correspond aux débris de feuilles et à la terre.

Quelles sont les proportions de ces deux sortes de pertes? Cela est difficile à évaluer. Mais on compte encore qu'il y a de 0.2 à 0.3 p. 100 de déchets et terre. Quant aux cannes écrasées, mangées, la perte se chiffre encore par 0.1 à 0.2 p. 100. On peut donc avoir, d'une part, une dessiccation de 1.5 p. 100 et une perte en jus et divers déchets de .0.5, soit au total 2 p. 100. En un mot, sur 100 kilogr. pesés, il n'entre réellement dans ces conditions que 98 kilogr. de cannes. De plus, cette canne est plus riche que celle entrée, puisqu'il y a dessiccation et que lorsque cette dessiccation est rapide, en 10 ou 20 heures, il n'y a pas d'altération du sucre, mais augmentation de la richesse.

La richesse calculée de la canne avec le coefficient 86, 87 ou 88 est donc trop élevée si on veut savoir la richesse réelle rapportée à 100 kilogr. de cannes payées.

On peut calculer approximativement le 2e coefficient. Admettons que le coefficient n° 1 soit 87.

D'autre part, qu'il y ait 2 de perte totale, on a 87 — 2 — 85.

Mais on peut le déterminer exactement par le contrôle de la fabrication.

Pour cela, il faut connaître le volume du jus, sa richesse en sucre, la perte dans la bagasse ou la cossette, et la perte totale en sucre, ce qui donne le sucre total entré dans la fabrique. Ayant le poids de la canne entrée, on a la richesse industrielle de la canne payée.

C'est un contrôle qui est plus ou moins facile à appliquer, mais qui, en résumé, ne présente pas de difficultés sérieuses lorsqu'on examine ce qu'on fait déjà en sucreries de betteraves.

Il faut des mesureurs de jus, puis un échantillonnage régulier du jus obtenu par n'importe quel procédé, conservé et analysé une seule fois par 12 heures. Enfin, pour les résidus, en avoir l'analyse et le poids (c'est là ce qui peut présenter le plus d'ennuis pour obtenir des résultats sérieux lorsqu'il s'agit des moulins), c'est-à-dire le poids de la bagasse et son analyse moyenne, etc.

Cependant, nous avons vu bien souvent ces poids notés et les analyses relevées.

En résumé, on a ainsi le sucre total entré. Lorsqu'on a la diffusion, le contrôle est des plus simples et c'est ce qui nous a permis d'étudier le 2ᵉ coefficient à plusieurs reprises et même constamment durant le fabrication. Comme le coefficient n° 1, il est assez variable.

Nous avons trouvé depuis 82 jusqu'à 87, suivant les années, les fabriques et l'époque de l'analyse, soit une moyenne de **84.5**.

Voici quelques chiffres :

Tableau LXXXII.

	1.	2.	3.
Densité du jus.	1 066.7	»	»
Sucre p. 100 centim. cubes de jus .	14.56	»	»
Sucre p. 100 gr. de jus.	13.65	15.67	14.71
Ligneux	9.61	10.07	10.50
Jus par différence	90.39	89.93	89.50
Richesse calculée par le ligneux. . .	12.34	14.08	13.20
Sucre p. 100 gr. de cannes par jus + pertes.	11.88	12.84	12.44
2ᵉ coefficient calculé	87.1	82.0	84.5
Analyse directe	»	13.41	12.87
1ᵉʳ coefficient à appliquer.	»	85.6	87.4

Le coefficient n° 2, pour passer de la richesse p. 100 gr. du jus à la richesse industrielle rapportée à 100 kilogr. de cannes pesées, que nous venons de signaler comme étant de 84.5 d'après nos essais, est très voisin de celui adopté à Maurice, ainsi que nous l'a appris M. P. Bonâme dans son rapport annuel de la Station agronomique de l'île Maurice pour 1895.

Nous trouvons à la page 39 les lignes suivantes :

« Pour tous les chiffres se rapportant à la canne, à moins d'indications contraires, l'analyse est faite sur le jus obtenu par *le moulin* *de laboratoire et la richesse de la canne est calculée avec le coefficient de **0.84**, adopté dans la colonie. »*

Nos résultats moyens concordent sensiblement avec ceux qui ont pu servir aux fabricants de sucre de Maurice pour établir ce coefficient.

MM. Kœnig, Fouquereaux de Froberville, J. Maricot, J. de C. Mazerieux ont donné des tableaux dans lesquels ils ont adopté le coefficient 84 pour passer de la richesse du jus en poids à celle de la canne (Maurice). [*Bulletin de l'Association des chimistes*, numéro de novembre 1892.]

M. G. L. Clarenc a donné une formule qui est la suivante :

$$R \times 1.80 = C \text{ ou sucre p. 100 gr. de cannes.}$$

R correspond au degré régie, ce degré régie étant 7.5 par exemple pour 1 075. Donc 7.5 × 1.8 = 13.5 de sucre p. 100 de cannes.

Ce calcul se rapproche beaucoup de l'adoption du coefficient 84, mais ne peut s'appliquer à tous les cas, surtout pour les densités inférieures à 1 070 et pour les cannes plus ou moins altérées ou desséchées.

On pourrait peut-être, jusqu'à nouvel ordre, adopter alors pour les recherches faites d'après l'analyse du jus, des coefficients moyens :

Soit, 1° le coefficient 87 pour calculer la richesse de la canne passée au moulin, d'après la richesse du jus p. 100 gr.;

Soit, 2° le coefficient 85 pour calculer la richesse industrielle de la canne pesée d'après la richesse du jus p. 100 gr.;

Ou uniquement le coefficient 85 pour toutes les analyses, puisque, en résumé, on doit toujours tout rapporter à la canne pesée et travaillée industriellement.

SEPTIÈME PARTIE

NOTES ADDITIONNELLES

———

I. — Détermination de la quantité de marc ou ligneux contenue dans la canne[1].

On sait que la canne contient une proportion très variable de résidu insoluble dans l'eau qu'on est convenu d'appeler le ligneux.

La proportion de ligneux varie avec l'âge des cannes, la maturité, la qualité des cannes. Dans une même canne, le ligneux varie suivant la hauteur, les nœuds ou entre-nœuds, la partie extérieure ou intérieure.

Nous avons donné des chiffres.

Mais, toutes choses égales d'ailleurs, *la quantité de ligneux varie avec le procédé employé pour sa détermination.*

Voici un tableau dû à M. W. Krüger, que nous trouvons dans le 2ᵉ volume qu'il a publié sur les recherches faites au laboratoire de Kagok-Tegal (Java), 1896, p. 5.

Tableau LXXXIII.

Par l'extraction alcoolique.

	3 HEURES. *a*	6 HEURES. *b*	9 HEURES. *c*	DIFFÉRENCE *a — c*
1.	10.25	10.11	10.00	0.27
2.	10.62	10.46	10.37	0.25
3.	10.19	10.08	10.00	0.19

Par l'extraction aqueuse.

	10 FOIS. *a*	15 FOIS. *b*	20 FOIS. *c*	DIFFÉRENCE *a — c*
1.	9.94	9 75	9.46	0.48
2.	9.98	9.78	9.59	0.39
3.	10.13	9.92	9.73	0.40

———

1. A propos du travail de M. H. Prinsen Geerligs (*Archief voor de Java Suikerindustrie*, 1897, n° 7).

D'après H. Prinsen Geerligs, la différence entre le ligneux par extraction alcoolique et l'extraction par l'eau est d'autant plus forte que la canne est plus jeune.

Tableau LXXXIV.

	CANNES DE			
	5 mois.	6 mois.	9 mois.	12 mois.
Matières ligneuses par l'extraction aqueuse. .	7.36	7.99	8.38	10.52
— — alcoolique.	8	8.65	8.85	10.94
Différence en p. 100 du ligneux	8.2	7.5	5.3	3.9

Il s'ensuit donc que plus on traite longtemps la canne par l'eau plus ou moins chaude et plus on dissout de matières, moins on calcule de ligneux; que si on remplace l'eau par l'alcool, on obtient encore moins de dissolution, d'où *plus de ligneux*.

Cela a été observé également pour le dosage du marc dans la betterave à propos des différentes méthodes employées pour le dosage du sucre dans cette racine[1].

M. H. Prinsen Geerligs a conseillé récemment de se servir de l'alcool pour la détermination du ligneux par extraction. Il y a bien, dit-il, quelques causes d'erreurs, mais moins grandes que par les traitements à l'eau.

Au point de vue scientifique, M. H. Prinsen Geerligs a probablement raison, mais au point de vue pratique, nous ne le croyons pas. D'abord, le dosage du ligneux n'est qu'un résultat comparatif. Donc, il suffit d'opérer de la même façon à chaque essai pour obtenir des résultats normaux. C'est ce qui peut être fait en suivant le procédé de dosage du sucre par extractions successives à l'aide de l'appareil de Zamaron. Soit 6 lavages en 1 heure et avec des proportions de cannes et d'eau toujours les mêmes.

Puis, en industrie, on n'utilise pas l'alcool, mais l'eau pour imbiber les cannes, ou bien pour extraire le jus par diffusion. Donc, dans les usines qui opèrent par la diffusion, le dosage du ligneux doit être exécuté par l'eau chaude.

---

1. E. von Lippmann (*Bulletin de l'Association des chimistes de sucrerie et de distillerie*, 15 mai 1887, p. 152).

II. — Composition du ligneux.

M. H. Prinsen Geerligs, dans une récente et remarquable étude sur la bagasse[1], a indiqué que la bagasse traitée dans différentes conditions donnait les résultats ci après :

Tableau LXXXV. — Sur 100 gr. de bagasse sèche.

Cellulose par la méthode de Weenden	50.3
— — au chlorate de potasse	52.2[2]
Substance soluble dans l'acide sulfurique dilué à l'ébullition	36 3
Sucre formé par ce traitement	29.8
Matières solubles dans la soude provenant de l'insoluble dans l'acide chlorhydrique	9.45
Matière totale soluble dans la soude à 5 p. 100 (bouillante).	39.7

De cette matière on précipite :

Par l'alcool et l'acide acétique . . .	30.80
Cendres	3.95
Azote	0.175
Matières azotées calculées	1 094

Le même auteur a ensuite étudié séparément les substances organiques, les matières colorantes, la cellulose, la gomme de canne, etc.

Il a remarqué que le ligneux de la canne jeune contient moins de cellulose que celui de la canne plus âgée.

Tableau LXXXVI. — Substances diverses et cellulose p. 100 gr. de ligneux.

	CANNES DE			
	5 mois.	6 mois.	9 mois.	12 mois.
Cellulose d'après la méthode de Weenden.	38.36	39.75	41.36	50.3
Xylone	25.70	28.5	30.82	31.50
Cendres.	3.45	3.35	4.02	3.96
Albumine, etc.	2	2	2	2
Non dosés	30.49	26.40	21,80	12.25

---

1. *Archief voor de Java Suikerindustrie*, 1897, n° 7.

2. On a également démontré que le marc de betteraves ne renfermait qu'une quantité de cellulose pure relativement faible et que, suivant que la betterave était montée ou non montée en graines, plus ou moins mûre ou suivant les années, la quantité de matières solubles dans l'eau chaude variait, à propos du travail à la diffusion. (Divers.)

M. H. Prinsen Geerligs, d'après ses essais, dit que la bagasse de cannes n'est pas très recommandable pour la préparation de pâte à papier, puisque, dit-il, il y a 40 p. 100 de matières solubles dans la soude.

Ceci était connu et, dans les études faites pour l'emploi de la bagasse, on admettait qu'il y avait en moyenne 5 p. 100 de cellulose plus ou moins pure destinée à la production de la pâte à papier.

M. P. Bonâme, de son côté, a dosé la quantité de cellulose contenue dans la canne renfermant diverses proportions de ligneux et a obtenu les résultats ci-après[1]:

Tableau LXXXVII.

	1.	2.	3.
Ligneux. . . . . p. 100	10.53	11.15	14.80
Cellulose	5.83	5.96	7.80
— (après traitement par les acides et alcalis dilués et à chaud) . . . . . p. 100	55.3	53.4	52.7

Ce qui faisait dire à M. Bonâme que le ligneux contenait en moyenne 50 p. 100 de cellulose.

Ces chiffres sont très rapprochés de ceux cités par M. Prinsen Geerligs et, en outre, le dosage exact de la cellulose pure n'est pas encore très facile, puisque les résultats varient avec les procédés employés au traitement de la substance insoluble de la canne[2].

III. — Eau colloïdale.

On sait que le jus obtenu par la pression n'est pas le jus moyen renfermé dans toute la canne, et que le jus recueilli ne correspond pas au jus restant dans la bagasse déjà pressée. Le jus restant est toujours plus pauvre, pour ne parler que de la proportion de sucre.

On doit donc admettre, comme pour la betterave, la présence de

---

1. P. Bonâme, *Culture de la canne à sucre*, p. 206.

2. Du reste, dans une étude sur la fabrication du papier de bagasse, parue il y a plusieurs années dans le *Journal des Fabricants de sucre*, il est dit qu'il faut 2 parties de bagasse ordinaire des moulins pour avoir une partie de papier vendable. Or, on peut admettre 25 à 30 p. 100 de bagasse, soit donc 4 à 5 de papier pour 100 kilogr. de cannes.

l'eau combinée à différentes matières organiques et M. H. Prinsen Geerligs a essayé de déterminer la proportion d'eau colloïdale contenue dans la canne. Il a trouvé dans différents essais environ 35.5 p. 100 du ligneux, c'est-à-dire que si une canne laisse 10 p. 100 de ligneux, il peut y avoir 3.5 d'eau colloïdale ne participant pas au jus sucré.

Ce chimiste a opéré à l'aide de solutions salines titrées notamment du chlorure de sodium.

Voici un exemple de calcul :

Bagasse complètement épuisée à froid et légèrement pressée.		100 gr.
Solution de sel marin	1.006 p. 100 gr.	500 gr.
Soit sel marin ajouté.	5.030	—

Après mélange, on a dosé p. 100 gr. de la solution 0,8 808 de chlorure de sodium.

D'où :

$$\frac{5.030 \times 100}{0.8808} = 571^{gr},4.$$

On avait donc retiré de la bagasse $71^{gr},4$ d'eau non combinée.

La bagasse, directement, contenait 78.9 p. 100 d'eau, 21.2 de ligneux. D'où, eau de constitution, $78.9 - 71.4 = 7.5$ ou 35.5 p. 100 de la matière fibreuse ou du ligneux.

M. Prinsen Geerligs déduit de ses recherches que c'est surtout la *gomme de cannes* qui retient cette eau dans la canne et non la cellulose[1].

IV. — Conservation de la bagasse pour l'analyse.

Il est très intéressant de pouvoir conserver la bagasse de plusieurs prélèvements pendant la journée pour n'avoir qu'une analyse à

---

1. Nous avons étudié aussi cette question, mais en remplaçant la canne par de la pâte à papier. Or, nous avons constaté, par des essais analogues à ceux rapportés par M. H. Prinsen Geerligs, que toute l'eau de la pâte à papier pressée ne participait pas à la dilution. En un mot, que la cellulose retiendrait fortement son eau et empêcherait une diffusion rapide entre l'eau intérieure retenue par la pâte et la solution saline mise en contact.

exécuter par poste. M. H. Prinsen Geerligs a essayé divers antisepti-
ques sans succès.

Il a repris les essais de van Lookeren Campagne, datant de 1894,
et il a pu constater que l'on pouvait obtenir la conservation de la
bagasse par la stérilisation.

Pour cela, l'auteur prend 20 gr. de bagasse qu'il stérilise dans
les appareils ordinaires connus pour la bactériologie et il a essayé
successivement 2 et 3 stérilisations. Il a obtenu les résultats ci-après :

Tableau LXXXVIII. — Stérilisation.

SUCRE P. 10 GR. de bagasse.	1 FOIS.	2 FOIS.	3 FOIS.
Avant stérilisation . .	6.5	6.5	6.5
Après 1 jour	6.5	6.4	6.5
— 2 jours . . .	5.76	6.3	6.4
— 4 jours . . .	4.52	6	6.4
— 10 jours . . .	»	6	6.2

C'est un moyen qui, en effet, peut être employé pour réduire les
analyses de bagasses, lorsqu'on écrase la canne par les moulins.

Lorsqu'on emploie la diffusion, la cossette épuisée se conserve
très facilement durant 12 heures, après avoir subi l'action d'une
température de 90° pendant plusieurs heures.

Il suffit alors de composer un échantillon moyen des cossettes
écrasées prélevées autant de fois qu'on le désire, et de le conserver
dans une grande boîte en zinc fermée et entretenue aussi propre
que possible. Ceci ne sert que de contrôle, car, pour la marche
même de la batterie, on doit analyser la cossette, épuisée très souvent, et avoir des résultats après chaque heure.

V. — Composition du sol égyptien.

Limons et eaux du Nil.

Un grand nombre d'analyses ont été faites. Nous rappellerons
celles dues à MM. Champion et Pellet, exécutées sur des échantillons
rapportés par Gastinel Bey et publiées en 1871-1872 dans un rapport à S. A. Ismaïl-Pacha présenté par la commission spéciale dont
Payen était le président.

Évidemment le sol égyptien doit se rapprocher beaucoup de la composition du limon du Nil, dont diverses analyses ont été faites.

Tableau LXXXIX. — Limon du Nil[1].

Analyses de M. Schlœsing.

1° Analyse physique :

	POUR 100 gr. de matière sèche.
Cailloux et graviers.	0
Gros sable	20
Sable fin	59
Argile	21

2° Analyse chimique :

Silice	50.40
Potasse	1.10[2]
Soude	1.20
Chaux.	4.70
Magnésie.	3.20
Alumine	19.80
Peroxyde de fer	11.70
Acide carbonique.	0.91
Acide phosphorique.	0.08
Eau combinée et matières organiques. . .	8.20
	101.29

Tableau XC.

Analyses du professeur Letheby, de Londres.

(Moyenne d'une année.)

	PENDANT	
	la crue.	l'étiage.
Acide phosphorique	1.78	0.57
Chaux	2.06	3.18
Magnésie	1.12	0.99
Potasse.	1.82	1.06
Soude.	0.91	0.62
Alumine. . . . . Oxyde de fer.	20.92	23.55
Silice.	55.09	58.22
Matières organiques et humidité . .	15.02	10.37
Acide carbonique . . . . Pertes, etc.	1.28	1.44
	100.00	100.00

1. Voir les différentes communications faites par M. Ventre-Pacha à l'Institut égyptien, de 1887 à 1891.

2. Dont 0.048 soluble dans l'acide nitrique faible.

Tableau XCI.

Analyses faites au Muséum, à Paris, par M. Terreil.

Acide phosphorique	0.24
Chaux	2.63
Magnésie.	3.42
Potasse	0.91
Soude.	2.52
Alumine	21.90
Oxyde de fer.	4.72
Silice	50.37
Matières organiques et humidité	11.52
Acide carbonique	1.66
Pertes, etc.	0.11
	100.00

Tableau XCII. — Eau du Nil.

Analyse de M. A. Müntz.

	POUR 1000 PARTIES.	
	En dissolution.	En suspension.
Azote	1.07	3.00
Acide phosphorique.	0.40	4.10
Potasse	3.66	150.00
Chaux.	48.00	70.50

Tableau XCIII.

Analyse de M. le Dr Letheby, de Londres.

	PAR LITRE D'EAU.	
	Minimum.	Maximum.
Matières organiques	0.0051	0.1841
— minérales	0.0383	1.3074
Total.	0.0434	1.4915

Vœlcker a indiqué [1] :

	PAR LITRE.	
	Au début de la crue.	En pleine crue.
Matières en suspension.	0.2398	1.2480
— en dissolution.	0.2548	0.1694

1. Ch. Pensa, *les Cultures de l'Égypte* (*Annales de la Science agronomique française et étrangère*, t. II, 1896).

| | PAR LITRE D'EAU A L'ÉTIAGE | |
	Eau d'infiltration d'un puits.	Eau du Nil ayant traversé.
Chaux	0.1656	0.0424
Magnésie	0.0453	0.0100
Soude	0.0820	0.0062
Potasse	0.0037	0.0144
Chlore	0.1360	0.0067
Acide sulfurique	0.0593	0.0216
— nitrique	0.0017	»
Silice, alumine et fer.	0.0180	0.0097
Matières organiques	0 0060	0.0175
Acide carbonique et pertes	0.1226	0.0403
	0.6402	0.1688

(Voir aussi les analyses de M. Mathey en 1887[1].)

VI. — Analyses directes de terres provenant d'Égypte.

En 1881, Gastinel-Bey avait trouvé, d'après l'analyse de 22 échantillons de terre, mêmes échantillons que ceux ci-dessous, mais après la culture intensive :

Tableau XCIV.

	POUR 100 GR. de matière sèche.
Azote total	de 0.124 à 0.279
Acide phosphorique.	de 0.230 à 0.850
Chlorure de sodium.	de 0.007 à 15.024
Sulfate de soude	de 0.018 à 1.070

Ces mêmes terres, analysées en 1871-1872 par Payen, Champion et Pellet, contenaient :

	POUR 100 GR. de matière normale.
Azote total.	de 0.041 à 0.064
Acide phosphorique	de 0.160 à 0.290

---

1. Ch. Pensa, *les Cultures de l'Égypte* (*Annales de la Science agronomique française et étrangère*, t. II, 1896).

En 1895, nous avons analysé un grand nombre d'échantillons de terres d'Égypte et nous avons eu les résultats ci-après :

Tableau XCV.

	POUR 1000 GR. DE MATIÈRE NORMALE SÈCHE.			
	Surface.		Fond à 0ᵐ,80 ou 1 mètre.	
	1.	2.	1.	2.
Azote.	1.00	1.10	0.90	0.93
Acide phosphorique . .	1.30	2.30	2.00	1.90
Chaux	28.40	25.80	27.10	26.50
Magnésie	21.40	18.00	17.10	18.00
Potasse	2.90	2.10	2.10	2.50

Pour 30 autres échantillons on a eu :

Tableau XCVI.

Azote.	de 0.77 à 2.50
Acide phosphorique	de 1.68 à 3.20
Chaux	de 11.50 à 27.30
Magnésie	de 9.80 à 23.60
Potasse	de 1.60 à 3.80
Acide sulfurique	de 0.25 à 0.55

Tableau XCVII.

Analyse moyenne de 30 échantillons de terres d'Égypte de divers endroits.

	TERRE à 200 kilomètres du Caire.		MOYENNE.	AUTRE endroit à 40 kilomètres du Caire. Moyenne.
	Tamis 00.	Tamis 30.		
Azote	1.40	1.20	1.30	0.77
Acide phosphorique.	1.84	1.98	1.90	1.73
Chaux	25.80	26.60	26.20	24.20
Magnésie	17.30	17.30	17.30	23.90
Potasse	2.30	2.70	2.50	2.80
Acide sulfurique . .	0.40	0.34	0.37	0.30

On a trouvé pour l'analyse physique :

	TERRE à 200 kilomètres du Caire.		AUTRE analyse de 1894.
Sable grossier	54.6	68.0	75
Sable fin	13.4		
Argile	31.0	32.0	25
Partie soluble et divers .	1.0		
	100.0	100.0	100

Le sable et l'argile sont tous deux calcaires.

Analyse séparée du sable et de l'argile des échantillons de 1895.

	SABLE.	ARGILE.	DANS l'eau de lavage pour 100 gr. de terre.
Azote	1.67	0.80	traces
Acide phosphorique.	1.87	2.10	traces
Chaux	25.20	28.20	2.450
Magnésie.	16.60	19.0	1.470
Potasse	2.30	2.0	0.150

Nous avons fait ensuite une analyse complète de l'échantillon moyen des terres ci-dessus, et nous avons eu :

Tableau XCVIII.

	POUR 1 000.
Silice	546.00
Alumine	197.00
Peroxyde de fer	92.00
Carbonate de chaux	57.00
— de magnésie	41.00
Potasse	2.70
Ammoniaque.	0.00
Acide phosphorique	1.84
— sulfurique	0.50
Matières organiques	59.00
Non dosés. — Chlore. — Soude	2.96
	1000.00
Azote nitrique	0.130
— organique	1.270
Azote total	1.400

M. Ch. Pensa a trouvé de son côté :

Tableau XCIX.

	POUR 100 DE TERRE.			
	A la surface		A 0m,60 de profondeur.	
	1.	**2.**	**1.**	**2.**
Terre fine	98.?0	99.30	98.50	98.35
Pierres.	18.0	0.70	1.50	1.65
Calcaire	3.40	3.01	4.33	1.80
Insoluble.	6?.70	69.20	64.70	64.10

A l'analyse chimique :

	A la surface.		A 0m,60 de profondeur.	
	1.	**2.**	**1.**	**2.**
Azote	0.77	0.42	0.84	0.42
Acide phosphorique. . .	1.50	1.84	?.96	3.?3
Potasse	4.?4	3.?1	5.68	3.?3
Chlore.	0.?5	0.38	0.00	0.00

VII. — Culture de la canne à sucre en Égypte.

Nous n'avons nullement l'intention d'entrer dans des développements bien longs à ce sujet. Nous n'en parlons pour ainsi dire qu'accidentellement et parce que M. Ch. Pensa a publié dans le même recueil un très intéressant travail sur les cultures de l'Égypte.

Dans l'opuscule de M. Ch. Pensa on trouve certains détails parfaitement exacts relativement à la culture de la canne en général. Mais, par contre, d'autres nous paraissent beaucoup moins exacts. Par exemple, M. Pensa dit (page 54) que le sol égyptien est généralement peu calcaire. Cela est vrai si on le compare à certains terrains renfermant 10, 15 et 20 p. 100 de carbonate de chaux. Mais c'est une terre excellente au point de vue de la quantité de calcaire qui s'y trouve et l'état de division dans lequel on le rencontre, puisque les cailloux sont pour ainsi dire inconnus dans le sol égyptien. La canne, du reste, ne réclame pas un terrain tout particulièrement calcaire, car les sols des colonies, de très bonne qualité pour la canne à sucre, renferment beaucoup moins de chaux que le sol égyptien.

Voici, du reste, des chiffres publiés dans divers ouvrages et que nous retrouvons dans la brochure de M. Ventre-Pacha (1889) intitulée : *Le Sol égyptien et les engrais,* pages 31 et suivantes.

Pour 100 gr. de terre sèche :

Tableau C.

	TERRES								
	DE LA RÉUNION.					DE LA GUADELOUPE.			de la Martinique.
	1.	2.	3.	4.	5.	1.	2.	3.	1.
Humus	22.30	10.76	17.91	24.50	17.59	23.53	30.31	27.75	Non dosé
Azote.	0.30	0.18	0.21	0.20	0.19	0.18	0.26	0.29	0.211
Potasse et soude . .	0.58	2.10	0.53	0.52	0.67	0.10	0.11	0.12	0.111
Acide phosphorique .	0.04	0.36	0.04	0.06	0.08	0.08	0.11	0.18	0.243
Chaux	*0.35*	*1.56*	*1.06*	*0.36*	*0.18*	*0.45*	*1.15*	*0.10*	*1.295*
Magnésie	0.04	1.92	3.03	0.51	0.03	0.18	0.76	0.64	1.150
Oxyde de fer et alumine	40.48	20.22	21.70	20.17	29.20	12.52	15.29	17.07	12.831
Insoluble, etc. . . .	35.91	62.90	55.32	53.68	52.06	62.92	52.01	53.85	»

On voit que, par kilogramme, cela représente 1 à 15.60 de chaux, alors que nous en avons dosé plus de 25 gr. environ, et M. Ch. Pensa lui-même a dosé plus de 18 à 43 gr. de calcaire par kilogramme de terre d'Égypte. Au Brésil, beaucoup de terres à cannes ne contiennent également que peu de chaux.

D'après nous, les apports de chaux dans la terre d'Égypte ne sont nullement nécessaires, en général du moins, sauf dans quelques cas spéciaux et surtout au point de vue physique.

L'addition d'acide phosphorique dans le sol égyptien n'est pas toujours utile et les essais de culture directe apprennent à ce sujet beaucoup plus que toutes les analyses de terre. Il y a surtout à faire remarquer qu'en général la couche arable est très profonde et que l'épuisement du sol étant fait pour ainsi dire à la surface, le travail physique et mécanique du sol a une très grande influence sur les résultats des récoltes.

Du reste, des essais ont été entrepris de divers côtés pour l'amélioration de la canne à sucre, tant au point de vue de la richesse que du rendement à l'hectare ou, pour parler comme en Égypte, par feddan (0^{h},42).

Nous ne doutons pas des rendements cités par M. Pensa, à la Martinique, chez M. Thiéry, mais il faut voir si ces rendements se maintiennent plusieurs années et s'ils sont pour des surfaces relativement grandes.

En Égypte, il y a quelques feddans qui donnent bien 100 000 et 110 000 kilogr. à l'hectare, mais à côté il y en a d'autres qui ne donnent que 50 000 et 60 000 kilogr. Néanmoins, il y a encore des progrès à faire dans ce sens. Seulement, il n'est pas toujours facile de faire essayer même les bons conseils. D'autre part, au point de vue des engrais, il y a un facteur tellement important, *l'eau et son mode d'emploi*, qu'on peut obtenir des résultats complètement différents dans le même sol, avec les mêmes engrais et par conséquent faire attribuer à un engrais un résultat bon ou mauvais qui ne provient exclusivement que de la manière dont l'eau a été fournie et utilisée. Nous parlons de la culture avec irrigation.

Puis il y a la grosse question de l'échantillonnage de la canne, du mode d'analyse, etc., ce qui, jusqu'ici, n'avait pas été, selon nous, suffisamment étudié, sauf par M. P. Bonâme dans ces derniers temps. C'est précisément en nous livrant à des recherches variées sur la canne à sucre que nous avons reconnu la nécessité d'une base sérieuse pour connaître la véritable valeur d'un carré ou d'un champ de cannes. Autrement, auparavant, avec les méthodes ordinaires admises comme les plus exactes, on arrivait à tout, excepté à des résultats précis.

Quant à la richesse saccharine de la canne, elle est très variable ainsi qu'on l'a vu, mais les moyennes citées par M. C. Pensa nous paraissent faibles.

En effet, l'auteur parle de richesses de 12 à 15 kilogr. de sucre à l'hectolitre de jus, suivant les mois de travail.

Prenons la moyenne de 13.5 de sucre p. 100 litres de jus. Densité 1 067 à 1 069 (d'après les rapports de la Daira Sanieh), soit sucre pour 100 grammes de jus, 12.7.

Il ne faut compter que 87 à 88 comme coefficient industriel pour passer de la richesse du jus pour 100 gr. à la richesse de la canne ou 11^{kg},1 de sucre pour 100 kilogr. de cannes, et cela sans perte. La différence serait encore bien plus grande si on adoptait le coefficient 84 comme à l'île Maurice.

Or, les pertes à l'extraction, le sucre dans la mélasse, la perte dans le noir, les pertes par transformation, etc., etc., forment un total tel que les rendements industriels obtenus sont au-dessus de cette différence, d'après les rapports même officiels.

C'est pourquoi nous avons calculé que la richesse de la canne en Égypte était de 12 à 13 kilogr. en moyenne p. 100 kilogr. de matière normale avec des variations considérables. La moyenne entre les années bonnes et les années mauvaises peut aussi différer de plus de 2 p. 100.

Tableau CI. — État comparatif des récoltes de 1890 à 1895 [1].

		SURFACE cultivée en cannes par la Daira.	CANNES TOTALES récoltées.	CANNES par hectare.
		hectares	kilogr.	kilogr.
1890	(environ)	4 150	130 000 000	31 000
1891	—	3 380	117 000 000	34 000
1892	—	3 230	114 000 000	36 000
1893	—	2 520	89 800 000	35 000
1894	—	1 395	65 000 000	46 000
1895	—	1 075	48 000 000	45 000

Ces rendements, on le voit, augmentent chaque année et comprennent la moyenne des deux récoltes pour une seule plantation. Or, la seconde repousse ne donne que 50 à 60 p. 100 du rendement de la première année.

Certainement, les rendements de 45 000 kilogr. en moyenne ont été dépassés dans plusieurs Teftiches (sociétés agricoles), et des récoltes de 80 000 à 90 000 kilogr. à l'hectare ont été observées en première année. Il faut tenir compte aussi que le procédé par irrigation donne lieu à une certaine perte de surface de terrain cultivé par suite de la division du sol en carrés séparés par des canaux d'importance variable.

---

1. *Cannes à sucre.* Rapport de la Daira Sanieh de 1896, p.

TABLE DES MATIÈRES

CINQUIÈME PARTIE.

SIXIÈME PARTIE.

SEPTIÈME PARTIE.

TABLE DES FIGURES

www.ingramcontent.com/pod-product-compliance
Lightning Source LLC
Chambersburg PA
CBHW062012200326
41519CB00017B/4782